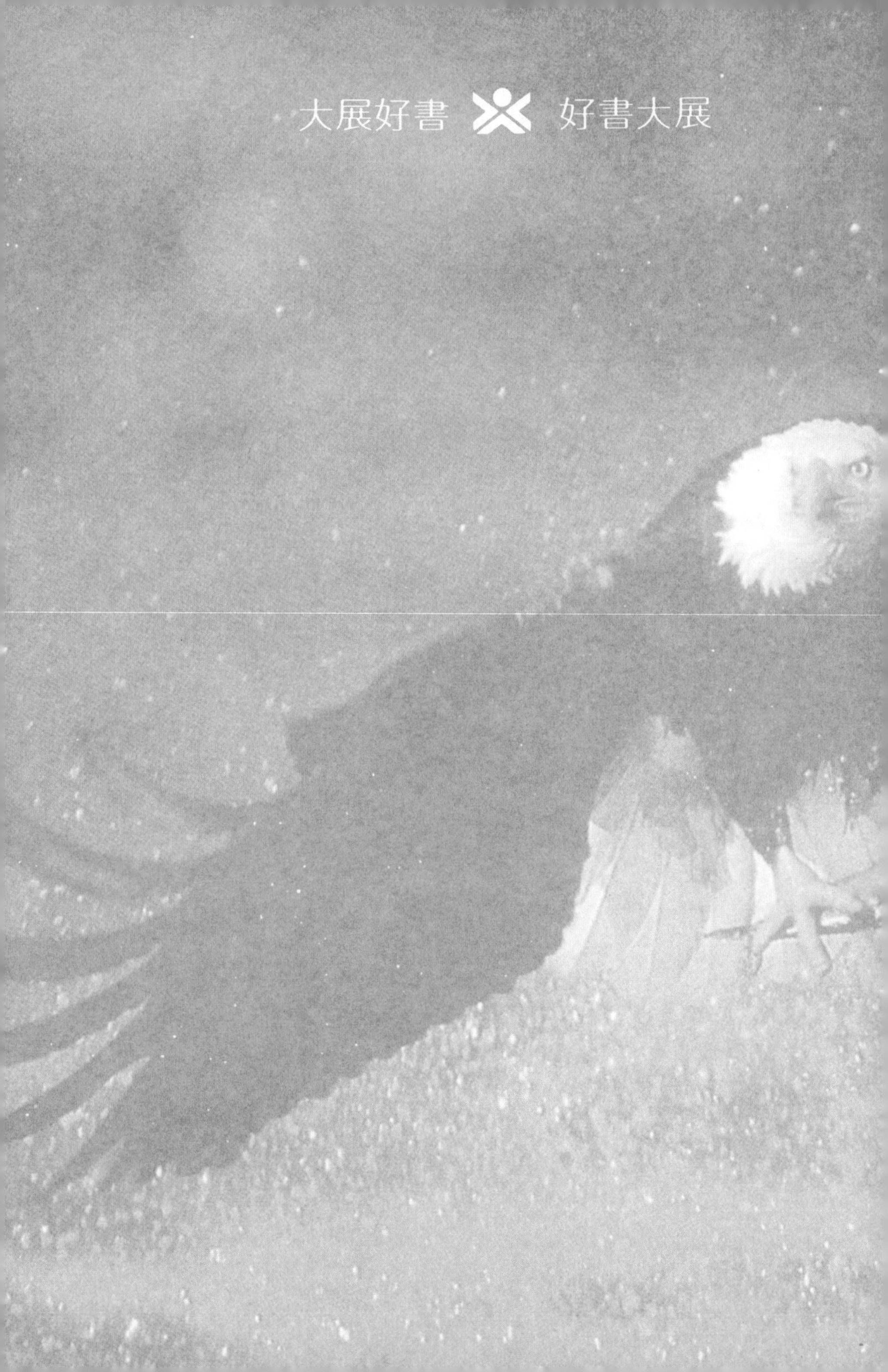
大展好書 好書大展

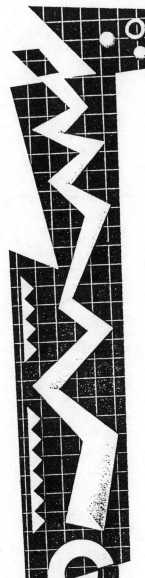

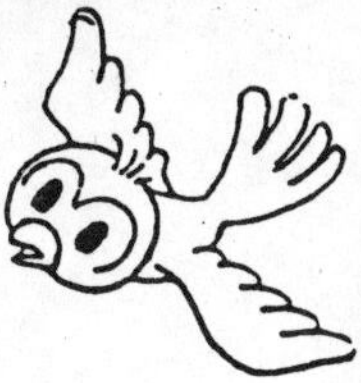

3

實用女性學講座

女性 整體裝扮學

黃靜香／編著

大展出版社有限公司

序言

上、下班或在辦公室的化妝、髮型和服裝，應該如何裝扮才算得體——工作場所的打扮對女性而言，是一大樂趣，同時也是一件苦惱的事。

因為這和娛樂休閒的場所不同，而且各人的工作性質也有所不同，因此，在辦公室裡的打扮也就各有原則。例如：顏色和設計得花花綠綠的洋裝在工作場所穿著，會顯得過分耀眼，不夠穩重；牛仔褲上面搭配毛衣，這種帥氣粗獷的款式，也不適合在辦公室裡穿著。化妝方面也一樣，過於濃豔，容易招致不好的批評，但是完全不化妝又不受歡迎。

換句話說，不管自己認為怎樣的打扮適合自己，可是在辦公室裡，也有行不通的時候。

這麼一說，或許有人認為在辦公室裡因為限制太多，根本無法享受到打扮的樂趣。的確，我們也聽到不少人如此抱怨，尤其是必須穿制服的職業場所，對於打扮方面感到不滿的人為數更多。

其實工作場合縱使有所限制，但也不是無法享受裝扮的樂趣。雖然和大家穿著一樣的制服，卻想要和別人的打扮有所差別，只要你肯用心研究，努力嘗試，多少都能達到目的。在限制中能夠活用感覺，反而表現出自己的魅力來，這才是真正善於打扮的人。

想在辦公室裡成為一個會打扮的人，必須多運用巧思。例如坐在辦公桌旁時，穿著容易活動的毛衣和裙子，一旦要跟客户會面時，能夠迅速穿上事先準備好的短外套，衍生新的感覺；或是辦公中突然需要參加招待客户的宴會時，就在平常的化妝打扮之外，再刷上腮紅，襯托出華麗的感覺，這都是巧思的表現。

對於女性的這些打扮，上司或周圍的男性，都會注意觀察。在工作場所善於打扮的人，任何人都會抱持好感，也能獲得工作能力強的人的高評價；相反的，違反辦公室裡應有的打扮原則，往往會招致「沒有資格擔任辦公室的工作」，如此嚴厲的批評。

當然，不是光靠著打扮的好壞，就會得到各方面一切的好評，但是因時因地而打扮的用心，和工作心也有連帶關係，難怪上司和其他男性的眼光會相當嚴格。

本書針對在辦公室裡的打扮原則，和如何在限制中顯出自己的魅力的技巧。當然，由於職業之不同，女性裝扮的容許範圍有著相當大的差異，但是本書介紹的是裝扮的基礎理論，在任何職業場合都能適用。

在辦公室裡如何扮演自己的角色呢？——妳的扮演能夠使工作順利進行的話，工作場所的人際關係也會隨著變得圓滿。如何快樂地度過辦公室生涯，本書如能對妳有所幫助，我們也覺得非常榮幸。

目錄

第二章　優雅化妝學

第三章　使妳更美麗的打扮學

第四章　頭髮的打扮學

第五章　皮膚的化妝學

第六章　飾物和其他小配件打扮學

第七章　婚喪或公司例行活動時的裝扮學

第一章

服裝穿着學

在辦公室的打扮過分像或過分不像女性都令人生厭

近來的年輕女性都很善於打扮，我們看到走在街上的女性，不管是服裝、化妝或髮型等方面，都經過相當的研究。享受適合個性打扮的女性很多，但是如果提到辦公室的打扮，很遺憾的，不見得每個人都及格。

例如：有人穿著貼身的、強調身材曲線的服裝，有的穿著設計華麗的洋裝，有的穿著低胸的上衣，還有的頭髮燙得過於捲曲蓬鬆，這種打扮都太性感，過於女性化，在白天的辦公室裡如此強調女性特質，反而令人生厭，這種例子不少。

話說回來，有些人完全不化妝，服裝、髮型看來不男不女，如此排斥女性特質的裝扮也值得考慮。相信她周遭的人，對她一定沒有良好的印象。

在辦公室裡的裝扮過分像女性，或是過分不像女性，都不能給人好感，打扮還是以適度女性化為宜。

總而言之，打扮不可過分拘泥於投合自己的嗜好，或適合自己的個性，應該同時顧及別人的觀感。

工作場所不應該表現出玩樂的態度

剛剛成為社會新鮮人的女性，導致挫敗的原因之一是，她的打扮帶進不適宜辦公室的氣氛。

例如：週末時因為晚上和朋友有約會，就打扮成一副要去遊玩的模樣去上班，這是大大違反辦公室應有的打扮原則的，假定她本人不知道，可是她的常識會令人懷疑。

辦公室是工作的場所，所以千萬不要帶著玩樂的氣氛去上班。穿著牛仔褲也是一樣，有些公司可以原諒這樣的穿著，但是常有客戶出入的職業場所，大都不允許如此穿著，因為牛仔褲是遊玩的服裝，大家公認不應該在辦公室裡穿著。

如果妳喜歡穿著自由自在的服裝出去玩，應該在工作結束後才換上，當然也有些工作服只要繫上寬皮帶，或稍加裝飾，就可一變而成娛樂服裝。

像這樣將工作和娛樂嚴格劃分，周遭的人才會視妳為標準的職業婦女。

一味地不喜歡制服，妳就不能成為善於打扮的人

我們常常聽到有些年輕女性說：

「我們公司規定要穿制服上班，所以我連想打扮打扮也不行。」

萬丹設計研究社在一九八四年，以三〇〇位職業婦女為對象，所從事的調查中，有一道問題是「妳對於目前所穿的制服是否感到滿意」，回答「滿意」的人只佔總數的百分之二十三，而回答「不滿」的人竟然佔百分之五十以上，也就是說，每兩人之中就有一人對制服感到不滿，不滿的理由似乎集中在「缺乏個性」和「討厭制服的設計」兩個理由上。

關於到底是否需要穿制服，現在仍然意見紛紜，這些議論我們先略而不談，當前的課題是如何與制服接觸。

我無意要求大家勉強去喜歡自己所不喜歡的制服，但是對所分配的制服只抱著討厭的心情去穿它的人，和努力研究、設法穿好制服的人，雖然穿著同樣的制服，給予人的感覺，一定有著相當大的差別。

雖然大家都穿著同樣的制服，可是設法穿得好看的人，穿起制服來，外表會有顯著的差異，只是一味討厭制服而勉強穿上它的人，絕對不會成為辦公室內善於打扮的人。

制服比私人服裝更需要妥善管理

穿著自己喜愛的洋裝外出時，不敢隨便坐下，深怕弄髒衣服，一沾上髒東西時，就連忙拿到洗衣店去清洗，這種經驗相信許多女性有過。

但是像這樣愛惜自己的服裝，穿起制服來卻毫不關心愛惜它的女性很多，可能是因為這是公司分配的，或者她感到不合意。

事實上，制服比私人擁有的服裝更需要妥善加以保管。

制服因為是工作服，所以比較容易弄髒，而且弄髒了也不能立刻更換，因此每天換下後，應該以刷子刷一刷，檢查有沒有弄髒，或是縫線斷了的地方，或者經常送到洗衣店洗，每天的管理是很重要的。

如果認為制服上有小小的污點，別人可能看不見，那就錯了！殊不知女性穿上制服後，格外引人注目，雖然只是稍微弄髒，別人也可能因此認為她是邋遢的女人。經常保持制服的潔淨，這就是穿著打扮的基本要項。

制服只要稍做修改，就能穿得合身

同樣穿著制服，有人穿起來很合適，有人則不然。制服是體型和個性不同的人一律要穿著的服裝，所以有些人穿起來很合適，有些人就不適合。如果很不幸地，妳的制服穿起來不合適，千萬別認為那是無法改善的。

雖然衣服的顏色無法改變，設計也無法大幅度修改，但只要依據適合自己體型的原則稍作修改，穿起制服給人的印象就會大大不同。

例如，上衣的鈕釦位置稍微移動，裙子的長度略加改變，試看看，一定有可以設法改變的地方。雖然是同樣的設計，但是只要將細部的均衡稍微更動，就可以使人穿起來變得好看。

因此原本令人討厭的制服，只要憑著妳的感覺加以修改，變得適合自己的體型，妳穿上它後心情也會由壞轉好，漸漸產生喜愛自己制服的感覺，對制服也會珍惜起來。

不只限於制服，對於普通成衣也能夠加以修改的人，才可算是真正會穿著的人。

在更衣室裡準備一件洗淨的制服，一旦有事時就不必慌張

制服是公司分發的，當然無法準備許多件來換洗，但是平常若能在更衣室預備一套乾淨的制服，就有許多方便。

在工作或外出吃飯時，有時候會不小心弄髒制服，例如，翻倒墨汁或咖啡，或是沾上口紅，因為這些意外而弄髒制服，碰到這種突發狀況，更衣室預備的乾淨制服就派上用場，不必因此慌張了。

弄髒的衣服，只要能很快地用水洗滌，也不會留下斑痕，以後還可再穿。

另外，如果突然要和客戶會面，或迎接重要的頂頭上司時，穿著一件發縐或不太乾淨的制服，想必會使妳感到難為情，若平常備有乾淨的制服，這時就可以更換，而妳就能以從容的心情去應對。

平日像這樣在小處多加留意，可以使妳在辦公室裡顯得更活潑、更動人。

傳統的裙子是適合辦公室穿著的基本衣服

沒有規定制服的公司職員，都會因為「到底穿什麼才好」而感到苦惱。因為公司的氣氛如何有所不同，所以不能一概而論，但一般而言，還是以傳統的裙子作為基本衣服，搭配其他服飾穿著，較適合辦公的場合。

穿著中規中矩的衣裙，不論任何工作場所，都能適合，又可以利用襯衫增加變化，而利用裝飾品的配合、烘托，也可搖身一變，成為正式禮服，一旦臨時有事，也不必為穿著傷腦筋。只要能靈活運用小小衣櫃內的衣服，成套的或單件的裙子就能使妳享受穿著的樂趣，而且經濟實惠。

比如妳有手工縫製的上衣和直統裙這一成套的服裝，以此為基本，再準備更換用的裙子和上衣各兩件，就可穿出許多式樣來。以這些服飾原有的款式和風格，互相搭配，不但能產生女性的柔和感，而且自然地呈現職業婦女的風韻。

研究領結的打法，以及其他小飾物的應用，也可以點綴妳的穿著，使得服飾的搭配更多樣化，妳的打扮也更加多采多姿。對於辦公室得體的穿著，以裙子搭配的套裝具有巧妙的功用，好處多多，因此選購時宜慎重。

在工作場合穿著的服裝，要先決定適合自己的基本顏色

穿著樣式流行的翡翠綠套裝去上班，雖然這種衣著看來非常華麗，但是妳一整天都不能安穩地工作——相信有類似經驗的職業婦女必然不少。

在辦公室還是穿著以灰色、褐色和藍色等為主，顏色較穩定的服裝較為適宜。套裝和洋裝如果選擇這種所謂的「基本顏色」，既容易搭配，又適合辦公室嚴肅的氣氛。有花紋的布料，最好從遠距離看，選擇遠看會變成素色的較佳。

選購在辦公室穿著的服裝以前，應該先決定適合自己的基本顏色，然後搭配成各種款式，這是穿著的秘訣，而妳還可從嘗試各種搭配中享受打扮的樂趣。

以同色調來搭配，例如，深藍色裙配合藍襯衫，這樣衣服的顏色配合起來，才不致於對比太強，或是顏色衝突不協調，在忙碌的早晨也不必因為如何配色而困擾，浪費寶貴的時間，而能夠很快挑出衣服來搭配。

簡單的穿著秘訣就在於不要同時使用多種顏色。

樣式及花色較樸素的套裝，也只要配合顏色較鮮豔華麗的襯衫和皮帶等小配件來穿戴，看起來就顯得年輕、漂亮。關於這一點，灰、褐、藍等顏色就是很容易與之搭配的顏色。

上班時所穿的套裝要選擇高級的質料

我們常聽到有人說，她在商店櫥窗看到很好的洋裝，就衝動地買下來。上班時穿著的套裝最好不要因為一時的衝動而買下，因為妳每天需要穿著它長時間地工作，所以購買時要特別細心挑選。

選購上班穿著的套裝的原則是：雖然價錢比較貴，還是要買高級質料的。因為高級質料只要妥善整理，可以穿上三五年，甚至十年，以廉價的衣服常常要換新的觀點來看，事實上是比較便宜的。以高品質的服飾來打扮，可說是高級的享受，穿著高級的衣服，在工作場所還可以增加自信。

從衣服的設計來說，應該選擇樣式剪裁容易修改的。有些衣服的款式無論如何，都不能改變外觀的設計，穿上這種衣服，只能說大體上不違背穿著原則而已，對於整體打扮的表現而言，可能較為遜色。

基本上最好選擇不太被流行左右的傳統型服裝，不過如果過於傳統，又缺乏一點兒樂趣，因此還是選擇衣衿的型態、口袋位置和整體線條較新穎的款式為佳。

如此說來，關於套裝的選擇，不論如何慎重，態度也不必過度保守。

套裝裡穿著袖子七分長的襯衫，工作較便利

套裝的樣式雖然很適合在辦公室工作時穿著，但是很多女性容易弄髒袖口，不然就是袖口時常鉤住桌角，不能順利工作，雖然如此，卻又不好意思捲起袖管來工作。

有這種困擾的人最好在套裝下穿著袖子七分長的襯衫，或是毛衣比較好。公司的中央暖氣調節系統過分暖和，冬天裡即使只穿著一件單衣工作也無妨，因此公司的人員通常脫掉外套來工作，裡面所穿的衣服，袖子只有七分長，這樣他們既不必擔心弄髒，又不會妨礙工作，工作很順利，也用不著挽起袖子了。

工作時穿著長袖衣服對工作有所妨礙，不如穿只有七分長袖子的衣服，露出一部分手來工作，這樣也顯得動作敏捷、俐落，使妳看起來像是工作能力很強的職業婦女。

萬一有客戶光臨，或者因公事必須外出時，只要穿上外套，就是很正式的穿著。像這樣地注意小節，這種不經意流露的慧心，可能會意外地使妳獲得上司或男職員的青睞。

穿短褲上班，要選擇摺線明顯、筆挺的短褲

以男性的觀點來看，對於女性穿短褲上班，有人贊成，也有人持否定的看法。有不少工作場所不允許女性穿著短褲上班，而即使是允許穿著短褲上班的公司，通常也有附帶條件。

近來短褲的樣式非常多，但是若要在辦公室穿著，基本上要選擇摺線明顯，褲身筆挺的，沒有摺線的設計應該在休閒時穿著；質地柔軟，穿上後身體曲線表露無遺的，以及非常緊身的短褲，都要避免穿著。

換句話說，適合辦公室穿著的短褲，應該以硬挺的質料做成，又接近女性衣著款式的才是。

另外最好多準備一、兩件短褲，和穿裙子一樣地，只要在上身搭配其他衣服，也可以穿出套裝的感覺來。而短褲套裝和男性套裝不同之處，在於利用領結或皮帶等小東西裝飾，衍生出女性的氣質。

除了炎熱的夏季以外，在冬天天氣溫暖的日子裡，也不妨穿著短褲去上班。與其依賴中統襪保暖，倒不如穿著短褲去工作，這樣顯得更加窈窕可愛。

夏天和冬天準備一件端莊的洋裝，有許多便利處

通常一件洋裝只有一種穿法，在同一季節中穿太多次，會顯得單調而重複，對於幾乎天天上班的職業婦女而言，尤其不符合經濟效益。洋裝雖然有這種缺點，不過也看妳如何選擇，如果善於選擇，洋裝也可以變化多端。

過於豪華，或是滾邊等裝飾過多的，以及花樣太過誇張的洋裝，會令人無法專心工作，所以不適合在辦公室穿著。

適合在辦公室穿著的洋裝當然也有，而且只要利用領巾、皮帶等小物品，依照妳的感覺來搭配，就能增加變化；穿上外套，就像是套裝，因此不論是和客戶晤面，或是參加會議，這種穿著都很合宜。

夏天天氣炎熱，穿洋裝比較涼快，冬天天氣冷，必須穿外套，但是在套裝上加穿外套，往往會覺得兩肩沈重，身體臃腫，外套裡如果穿洋裝，就沒有這種負荷沈重的感覺。而且上下班和工作時，身體最好保持輕快自如，穿洋裝能使妳的身心感到輕鬆。

既然洋裝有這樣的好處，妳不妨運用巧思，增加變化，改善它的缺點，相信穿上洋裝的妳，必能展現出另一種新姿。

領口太大和容易磨擦皮膚的服裝，不適合辦公時穿著

每年一到了夏天，就經常可以看見許多女性穿著領口太大的服裝去上班。如果到達公司後還要換上制服，那就無妨，但是若要直接穿著那身衣服工作，這種穿著就有待商榷。

因為工作時，身體通常要稍微向前俯，這就有被看見胸部之虞，周圍有人看著替妳耽心，就無法專心工作，有些男性則樂於欣賞，當然更不會安心工作。而有心人一定會覺得：「妳們到公司來，究竟是來幹什麼的？」因而感到憤慨。

不只是領口，短袖的袖口太寬也一樣。儘管她自己覺得如何涼快，卻影響到周圍同事的工作情緒，這樣的服裝就不能在辦公室穿著。何況穿這種服裝的人，本身可能也始終在耽心被人瞧見什麼，根本無法專心工作。

同樣的，較透明可以看到皮膚的衣服，或是太過貼身，好像是故意強調身體曲線的服裝，也都不適合在辦公室穿著。

公司本來就是工作場所，一切以工作為前提，這種場所絕不是表現女性魅力的地方。

在辦公室穿著的服裝質料穿像麻或像絹的質料

在雜誌的流行特輯上，有些報導表示，在辦公室穿著純麻、絹等高級天然質料做成的服裝，才是職業婦女最高明的打扮。對於這種文章，筆者有些疑問。職業婦女在辦公室所穿的服裝可說是工作服，因此我認為，不論如何流汗、如何動作，也不容易弄髒和起縐紋的衣服，才是最適於工作時穿著的服裝。

基於這一點考慮，純天然質料做成的服裝就不合格。絹料做的衣服只要穿過一次，就必須換洗，有時縱然已經洗過，有汗漬的地方，尤其是腋下，也不容易洗乾淨；麻布套裝即使在早上以熨斗熨得很平整，也只能穿半天而已，到了傍晚就產生許多縐紋，穿著縐巴巴的衣服，妳會給人一種非常疲倦的印象。當然，妳如果能夠注意到這些問題，並且克服它，妳大可穿著純天然質料做成的衣服，然而實際上，這是不容易做到的。

在辦公室的衣著，我們不必拘泥於非純正質料的不可，善於利用多元酯製成的像絹一樣的質料，也是穿著打扮的常識之一。雖然是多元酯製成的質料，但是看來就像絹一樣，穿著這種質料做成的衣服，同樣可以散發出女性的氣息。麻布也是一樣，以麻和木棉的混織品，或是像麻一般的纖維來代替純麻布，仍然可以享受到麻布特有的輕鬆感，而且又不必耽心產生縐痕，使妳整天都能安心工作。

在辦公室穿著的服裝儘量選擇質料輕的

有一位年輕女性告訴我說，有一天她覺得頭很痛，而且有肩膀僵硬的症狀，雖然很快就恢復正常，可是相同的症候卻經常發生，她自己對這種情況感到很納悶，仔細尋思之後，才恍然大悟。原來每當她穿上某件短外套時，就會產生這些症狀。

這件短外套是她平日最喜歡穿著的，可是因為布料太厚重，對於窈窕的她而言，實在是一大負擔。因此，就引起頭痛、肩膀僵硬等症狀。

對於工作的年輕女性而言，包含往來上下班的通勤時數，已佔去起床後一天光陰的大半，因衣著問題引起的不適，或許不像前述那位女性般嚴重，但是一天的疲勞度會由於這段時間所穿的衣服的質料輕重，而有相當的差異。

假如妳想要每天健康活潑地工作，就要謹慎選擇辦公室的服裝。選購上班所穿的服裝時，除了考慮衣服的顏色和設計之外，還應該考慮到衣服的重量。同一種材質所做成的短外套，有像羽毛一般輕軟的，也有像鉛一般沈重的。

穿著一公斤重的衣物整天工作，和穿著五百公克重的衣物整天工作，兩相比較，顯然地會使一天的疲勞程度有所差異，因此，我們還是選擇質料輕的為佳。

辦公室的打扮應考慮和周圍環境的調和

有人非常討厭和別人穿同樣的衣服，於是設法在打扮上表現出自己的個性和獨特，讓人一看便覺得她與衆不同。這種人若具備優秀的審美能力，比起缺乏個性，毫無自我主張的人來，反而值得稱道，但是就公司得體的打扮而言，這種過分強調自我個性的作風有待商榷。因為打扮也要配合時間與場合，忽視這些因素，只在表現獨特風格上下功夫，往往會與場合不協調，造成尷尬、突兀的局面，那一身精心的打扮，也只是惹來無知、不通禮節的評語而已。

以不論男性或女性都穿著比較端莊穩重的服裝的公司為例，在這種工作環境裡，只有自己一人經常走在流行尖端，或是穿著華麗的洋裝等類衣服，不然就是認為自己不適合穿著秀氣的洋裝，於是打扮得很樸素，好像男性。這兩者不論是太華麗，或者太樸素，在公司的環境中，都很突出，與環境不協調。這種情形如果能為周圍的同事和公司認可的話還好，但是若真的太過突出，太過顯著，也就難免會引起別人的大驚小怪了。公司的工作並非靠一個人獨力承擔，而是分工合作，整體配合，才能完成，因此團隊精神很重要。穿著也是團隊精神的一部分，個性雖然也很重要，可是在工作場合中，還是應該先考慮能否和環境協調。假如妳從前忽略了這一點，那麼就從現在開始，在服裝上表示妳的合群敬業吧！

在工作場所中不需要穿戴太昂貴的服飾

下面是我從某公司課長處聽到的話。他說他在要求女性屬下連續加班幾天之後，就自掏腰包邀請她們吃晚飯。可是當他看見從更衣室匆匆忙忙走出來，準備回家的那些女同事時，不禁嚇了一跳！因為大家竟然不約而同地穿著毛皮大衣，這些毛皮大衣看起來都很「高貴」，可能需要花費好幾個月的薪水才能買到。

這時他真想不透，自己為什麼要自掏腰包請這些女性吃飯呢？想到這裡，他覺得自己真是愚蠢，後悔不已！聽到這番話的人如果是妳，妳將有何感想？

如果說這是中年男人的偏見，也許不為過，但是這仍然顯示這些女職員太掉以輕心了。即使毛皮大衣是她們利用自己工作所賺來的錢買下的，可是公司裡有各種立場和各種觀點的人存在，因此穿著可炫耀自己的昂貴衣物並不妥當。

尤其是當妳因為公事必須去拜訪客戶時，穿著過分高價的服飾，可能會使對方不快，如果因此破壞妳本身或公司的形象，妳平日注意打扮所建立的好評價，恐怕都要化為泡影了！

如果穿著名牌服裝，應注意不使商標顯露出來

名牌服飾所以獲得年輕女性強烈的好感，不是沒有原因的，那些品牌的產品的確是既精緻又堅固耐用，在長年使用中得知它的好處及可信賴，當然會愛不釋手。

但是，如果妳在辦公室裡，以名牌的一流商品從頭到腳穿戴起來，那將是一番什麼樣的光景？一只相當於一個月薪水的皮包，一雙花費半個月薪水的皮鞋，商標顯著的服裝……，看來就好像掛著價目表走動的活廣告一般，又被認為是膚淺、沒大腦的女性，甚至有人懷疑妳到底過著什麼樣的生活？受到這樣的誤解，妳也怨不得別人呀！

而當妳穿著名牌服裝時，故意顯示出名貴的商標，看在別人眼裡，會認為妳愛炫耀，對於打扮缺乏自我主張，反而將妳看成一個庸俗的人。這樣一來，倒不如不要讓人家知道自己所穿所用的是名牌，這才是最高明的打扮用心。

如果妳很喜歡使用名牌的服飾，也應該選擇別人無法輕易看到商標的產品。真正用心地打扮自己，是會注意到這種小細節的。謙虛而細心的妳，當然會受歡迎。

工作場所穿著的服裝應配合工作的目標來選擇

工作時的穿著，不要以自己的愛好為主，而應該以工作的目標為優先考慮。例如，平日不習慣於做優雅型打扮的人，因為在公司所舉辦的舞會中擔任接待工作，就必須穿著優雅秀麗的洋裝出現才適宜。

而隨著工作責任的增重，妳常常有機會和別家公司的人員會面，洽談公事，面臨這種場合時，如果妳穿著整齊的套裝，就可以從容赴會，絕不需要特別裝出職業婦女的派頭，只要一套整潔的套裝，就可贏得對方的初步信賴，使得工作能夠順利進行，圓滿達成任務。

如果基於自己的愛好來穿著服裝，在辦公室的妳，可能樸素得像文君新寡，或者時髦得活像是從雜誌圖片跳出來的模特兒。戴著富有神秘感的裝飾品，以吉普賽女郎的面目去商議公事，對方會有什麼反應呢？他可能會感到迷惑困擾，甚至於拒絕和妳商談有關公事，如此一來，妳就不能順利地進行上司委派的工作。

穿著以工作目的為優先的服裝，反過來看，也是一種使妳的工作順利進行的戰略。撇開工作進行時的方便不談，至少由於妳在穿著上有這種考慮，公司才可能委派妳擔任重要的工作。

為了意外的來客，有必要在更衣室準備一件西裝式外套

公司的男職員大都會在更衣室準備一些參加喪禮穿的黑領帶、襯衫和外套等衣物，以備萬一。他們大概是因為不想被服裝問題困擾而影響工作，為了保持平穩的心情工作，所以他們就及早準備。

那麼女性職員到底該在更衣室準備些什麼呢？為了因應冷氣辦公室的溫度，大多數人會準備羊毛上衣，如果以工作性質來看，這應該足夠了。但是除此之外，若能再準備一件西裝式外套，一旦臨時有事，就能派上用場。例如，當妳穿了一件較樸素的衣服去上班，卻意外地必須送公文到其他公司；或者突然有來賓，不得不參加新企劃的簡報會時，更衣室若備有一件西裝外套，就不必因為身上所穿的衣服不夠正式而傷腦筋。不過這件備用外套最好選擇能和自己常常穿著的服裝搭配的才好。

因為妳對服裝有自信，所以自己的內心也因此充滿了自信，這種自信會有助於工作的順利進行。

在週日晚先決定星期一的衣著，有助於順利從事一週的工作

名噪一時的節目主持者〇先生，聽說他在擔任電視晨間節目的播報工作時，每個星期日晚上，他都和太太一起決定下星期要穿的襯衫、西裝外套，以及領帶。〇先生說，怎樣在很少的衣服中增加變化，實在相當費心。由此可見他對衣著非常講究。

妳不妨學習〇先生的方法，在週日晚上，依據已經排定的一週工作大要，事先選擇出配合工作目標的服裝。不過這實際上做起來，恐怕有些困難。

但是下星期一要穿的衣服，應該在星期日晚上決定好。

因為由於週六和週日的休假，身心得到完全的放鬆，如果在星期一才準備上班要穿的服裝，任何人在這時都會感到很厭煩。

因為心情要從放鬆恢復到緊張感覺需要相當的時間，而且假如妳心中打算絕不遲到，卻要在星期一早晨才挑選等一下要穿出門的服裝，當然會感到煩躁與慌張。在這種情形下，搭配的衣服也容易不協調，因此，若能在星期日晚上決定星期一要穿的衣服，使一週有好的開始，接下來的日子也會比較順利。

平時注意衣服的整理，早晨就不必為服裝慌忙

女人通常有這種毛病——雖然買了許多衣服，可是上班或有事外出時，又覺得沒有適合的衣服可穿，為此非常苦惱。造成這種情形的原因可能有很多，不過其中之一是：平常沒有好好管理服裝。

有心人都會利用假日來整理衣櫃中的服裝，考慮收藏的方法。例如，把洋裝、裙子、外套、襯衫和毛衣等，分門別類，按照項目整理，然後再收藏起來。如果能做到像西式衣櫃一樣，一打開櫃門，就能看見全部的內容物，這種收藏法最方便。因此整理衣櫃中的衣服時不要一件件摺好堆疊起來，採用以衣架掛起來的方法，這樣那件衣服放在什麼地方，便能一目了然。整理時如果發現衣服上有斑點或汚穢時，就以刷子刷一刷；或者取出洗乾淨，晾乾後熨平；要是發現鈕釦或裙鉤掉落的則要補上。

一次要做這麼多整理的工作，難免會令人覺得麻煩，可是一旦養成整理的習慣，只要利用假日的一點時間就能做好，既省事又不費時。平日這樣整理，自己也就清楚自己擁有那些服裝，不會把某些衣服遺忘在角落裡，有卻等於沒有，而且當妳想要穿某件衣服時，能夠很快挑出可以和它搭配的衣服，早上再也不必為衣服煩惱、慌張了。

將衣服的搭配組合列成表是減輕早晨忙碌的良法

在前文中已經談過服裝的管理和收藏方法，但是舊有的衣物整理好後，再添新裝時怎麼辦呢？這時妳可以將自己的服裝能夠互相搭配的加以組合，然後把各種組合記錄下來，整理成一張表，貼在衣櫃上，以後再添新裝時，將新衣和舊服可以搭配的各式組合，塡列在表上，這樣妳在早上挑選衣服時，一看表就能很快決定今天要穿的衣服，早晨出門前就不必慌慌張張，而且不會有買回的衣服閒置著，購買衣服時成竹在胸，不會盲目亂買而徒費金錢。

據說在雜誌和電視界很活躍的服裝設計師，為攝影模特兒做造型設計，在處理服飾時，就是使用這一方法。他們在製作雜誌封面時所集合的服裝經常達好幾十套，模特兒穿那件衣服該配什麼鞋子，該戴那種飾物，事情非常繁雜瑣碎，很不容易記清楚，因此，從服飾店租借各種服飾時，就將衣服、鞋子、手提包和飾物等，分項列出，先配好各種組合，記錄在表上，這樣就不會在攝影現場慌忙，找不到所需的東西，或者發生好不容易借來的東西卻派不上用場的情形，充分發揮人力、物力的有效運用。

職業婦女早晨的時間十分寶貴，因為既要做早餐，又要化妝、穿衣、看報，這許多事情必須在短時間內完成，如果備有一張服裝組合的一覽表，不必為穿著傷腦筋，站在衣櫃前躊躇再三。一般人會經常穿著自己偏愛的某幾套衣服，使得衣著太單調，有了這張服裝組合一覽表，能促使妳的衣著增加變化，將衣物的功用發揮到極致。

裝扮的基本常識

☆雜誌刊載的流行訊息利用法

雜誌的流行訊息內容包羅萬象，從服裝創作發表會的報導，到職業婦女上班的穿著，和內衣、禮服、宴會服等等的介紹說明，以及穿法、價格、銷售店，各種行情、消息都有刊載，是重要的穿著打扮的情報來源。不過這些流行訊息只供參考，如果妳要把流行型態一模一樣地翻版，穿到公司去，恐怕有人會對妳白眼相待。

因為，設計師和報導流行訊息的記者，對流行的看法與一般人不同，尤其是辦公室的穿著，差距更大。他們把流行誇大成一種服裝革命，以衣服的穿法和樣式來說，在設計上千變萬化，可以說流行就是他們的自我觀點和主張。

但是，職業婦女跟隨流行潮流必須注意到打扮不可太耀眼，同時要使周圍的人認可妳的穿著打扮，不過這種原則和流行所代表的意義通常會有所抵觸。

雖然如此，也不必太過在意。按照流行的款式來穿著，原本就和一般的打扮有相當的差距。我們儘量藉著雜誌的流行訊息來瞭解時代潮流，擷取部分，仿照其顏色、款式以及飾物之使用，不要太保守落伍即可。

穿好內衣能夠產生對工作的緊張感

大部分善於打扮的人都不是為了外表可見的衣著花費心思，反而在內衣的穿著上下苦心。其實外面的打扮雖很不錯，可是內衣卻沒有穿好，整體看來並不十分漂亮。穿洋裝也是一樣，如果內衣穿得不好，不管洋裝如何昂貴、漂亮，也不能發揮衣服本身的美感。

在這裡所說的注意內衣的穿著，並不是強調要穿著高價的內衣，指的是穿著合身的內衣。

穿了適當的內衣可以調整體型，外面所穿的洋裝也顯得好看，心情也會輕鬆舒爽，這種愉快的心情自然而然地會影響工作情緒，產生嚴肅的緊張感，使妳能集中精神工作。相反的，精神鬆懈，身體懶散，做起事來也無精打采，不論年紀多輕，看來也像個老太婆。

因此，穿著的內衣是否合身，不但關係到穿著的美感，更進而影響精神及工作效率，千萬不要小看它，以為穿在裡面別人看不見，無所謂，就隨便地穿。

真正善於打扮的職業婦女，是除了追求穿著的美感之外，還能使身心產生嚴肅緊張感，精神奕奕，全心投注在工作上。

穿著的內衣如果不合身，在辦公室中會顯得很難看

我們常可看到有些女性從外衣外面去調整裡面穿的滑下的胸罩肩帶，或是調整長襯裙，這種舉動非常不雅，尤其在辦公室中，這種動作顯得更難看，大部分的男職員對這種女同事會興趣缺缺，印象不佳。

胸罩的肩帶會往外滑，就表示肩帶失去彈性變長了，或者尺寸不合於體型。為了避免這種不雅的動作，就要選擇適合體型的樣式及尺寸，也可以設法用鉤子把肩帶和洋裝鉤連起來，這樣，肩帶就不會滑落。

夏季因為天氣炎熱，所穿的衣服通常質料很薄，往往可看到裡面的內衣。有些女性穿的胸罩較小，這時就可看到腋下胸罩束得很緊，綳著肉，看來也很不雅觀。選擇胸罩時應該選適合體型的，如果因發胖而太緊，也不要勉強穿上，應該換較大的尺寸。

穿著合身的內衣不僅為了外表好看，也是為了方便工作。因為太緊束或太寬鬆，而不能順利活動，就會坐立難安，當然會影響工作；而且有這種不愉快表情的女性，看起來並不雅麗。

因此，我們不應該因為別人看不見內衣，而隨便穿穿，應該選擇適合自己的內衣穿。

在辦公室中，所穿的內衣最好選擇白色或米色

近來內衣的顏色很多，很多女性在選擇內衣顏色時，也感到是一種樂趣。也許有人認為這是一種看不見的打扮，所以不管選那一種顏色，只要本身高興就好，不必有所顧忌。其實內衣的顏色最好選擇溫和的白色和米色。

雖然妳認為別人看不見，沒關係，可是透過衣服仍可隱約看見，或者有時為了工作需要，參加座談會和其他會議時，坐在椅子上疊起腿來，一不小心會被人窺見，在無意中顯露出來，即使妳的內衣顏色是配合外衣的顏色，但是，如果是紅色，不管是男性或女性都會嚇一跳。尤其不巧遇上守舊的上司，說不定他會誤會妳，心裡猜想：

「這個女人下班後的生活到底是什麼樣子？」

所以在辦公室要格外注意，穿著白色和米色有清潔感的內衣，即使不慎被看到也不要緊。另外，也不要穿著蕾絲花邊太繁複、太豪華的內衣。內衣也要在平日妥善管理，檢查有無斷線或裂開之處，太破舊的就丟棄。

即使不能每天換穿制服，只要穿上內衣，也能防止污穢

所謂的內衣包括胸罩、內褲、束腰和襯裙等，項目繁多，但我們看到近來的女性好像都有省略內衣不穿的傾向，尤其是炎熱的夏天，不穿襯裙，直接接觸皮膚穿上外衣的人很多。

內衣的功用，第一是可以調整體型，其次還有保溫、使洋裝穿起來更好看，以及防止外衣骯髒的功用，如果直接穿上衣服，皮膚的污垢會直接附著在衣服上，但是，如果穿上襯衣，就能防止外衣污穢。

尤其是像制服這種每天必穿的衣物，不能天天換洗，很容易弄髒，而有沒有穿內衣，就會影響制服骯髒的程度。

夏天時省略一件內衣，當然比較涼快，可是，如果選擇質料佳，和皮膚接觸感很好的內衣，穿起來應該不以為苦才對。

在辦公室因為特別注意清潔感，所以有關內衣的選擇和穿著非常的重要，應該慎重才是。

穿窄裙或白裙應該內穿襯裙，使內褲的線條看不出來

夏天穿著薄薄的白裙，或穿著貼身窄裙的人，偶而在做某種動作時，內褲的線條會看得清楚，讓別人看了不好意思，連同性看了也難為情。

自己回想看看，是不是也有這種出醜的經驗？可惜人的後腦沒長眼睛，所以不易察覺這種失態，不知不覺中丟臉也不曉得。

其實這種失態只要妳多加考慮，穿著不影響外表觀瞻的內褲款式，或是裡面多穿一件薄薄的襯裙，即可防止的。

近來市面出售的洋裝和裙子如果太薄，大部分做有襯裡，其目的也是為了防止內褲的線條可從外表看到。

夏季天氣炎熱，一般人總是儘量少穿為是，或者穿著貼身窄裙時，也不想多穿內衣。其實現在也有很多又薄又好的質料，所以不必耽心穿了內衣太熱、太臃腫，為了避免不知不覺中出醜，還是多穿一件內衣吧！

在放內衣的衣櫥中擺一塊香皂，可使早晨的心情愉快

關於內衣的穿著有許多方法，而現在我要介紹的是一種不必多花錢，還可以享受打扮樂趣的方法，那就是在收放內衣的衣櫃裡，擺上一塊很香的香皂，放花露水或香水的空瓶也可以，這樣內衣自然而然地就附著香氣，穿上有香味的內衣會令人覺得很舒爽。

這雖然是一種有香味的打扮，但是這種附著的香味不能維持太久，別人即使聞到香味，大概也只是猜測這個人可能噴灑香水而已。而這種打扮的方式，目的並不在於顯示給別人，只是為了使自己享受早晨美好的氣氛罷了！

早上能夠經常保持心情愉快舒暢，當然很好，不過生活在都市中的人就很不容易做到。但是，假如早晨起床後心情不愉快，穿上有香氣的內衣以後，心情應該會好轉。

每天早上帶著愉快的神情去上班，對職業婦女而言是很重要的，這種穿有香味內衣的打扮法，相信對妳有所幫助。

在辦公室不適合穿黑色或其他有色長襪

假如我們注意觀察在辦公區街道上行走的婦女的腳，就會發現很少人穿著天然膚色的絲襪，而以穿著灰色絲襪，或是深色襪子的人較多。

深色長襪如果配合黑色的服裝來穿，當然適合，但，如果和淺色制服搭配，就顯得不調和。也許大家想使腿看來比較修長，所以才選擇有縮減效果的深色長襪來穿，殊不知這樣做反而會得到反效果。

因為，長襪的顏色如果不能和服裝的顏色調和，產生違和感，反而會吸引別人注意，將視線移到妳的腿部，於是很遺憾地，反而成為強調腿粗，與原意相悖。

黑色襪子並不適合搭配一般的上班服裝，即使穿著黑色衣服也一樣。因為黑色服裝加上黑色長襪，這樣一身黑，會令人覺得好像參加喪禮一樣，或者甚至給人像跳舞的歌舞女郎的印象，在辦公室裡還是穿著天然膚色的襪子比較適合。

不久前曾經流行一種彩色緊身褲，一般是和洋裝搭配，穿在洋裝下，穿這種服裝也要考慮顏色的搭配，以及整體的均衡，而且應該在下班後的休閒時間穿著。

穿著花邊的襪子去上班，在換上制服後應該同時脫下來

上班所穿的襪子應該避免有色或深色的，關於這點前文已經談過。最適合辦公室穿的襪子是天然的皮膚色，因為，皮膚色的襪子穿在腳上，腳部看起來不顯著，而且方便搭配制服和便服，不會產生違和感，在辦公室所穿的服裝，就是要令人看起來沒有強烈違和感。

如果妳所服務的公司採用制服，最好出門時就穿著上班時也適合的襪子，這樣到達公司換上制服以後，就不必另外更換襪子，減少麻煩。

有纖細的愛美感覺的人，會配合服裝來選擇襪子，如果考慮到換上制服以後，也不須換襪子，就會事先挑選接近皮膚顏色的襪子來穿。

這雖然是細節，可是如果妳有這種思慮，就表示妳是一個公私分明的人。

為了避免受涼而穿中統襪，應該在下班後才穿

我在前面提過，穿著白色中統襪會被人認為好像是有懼冷症的歐巴桑，這種不良的印象會使自己吃虧。

夏天時，辦公室的冷氣往往很強，因此會覺得冷，尤其是長期在辦公室活動的人更覺得腳冷。女性如果過分寒冷，導致全身血液循環不良，不僅對健康及美容都有害，也會影響工作，所以我們不得不想出對付冷氣的良策。

需要穿厚一點的中統襪時，不能太明顯，如果是坐在自己的辦公桌辦公的話還好，要是必須走動的人就要脫下來，同時不要被人察覺，這種羞恥心和愛美的心是相通的。如果想要不明顯地保溫腳部，也可以在中統襪上穿著和中統襪相同質料的長統襪，這樣利用厚一點的長統襪，或者穿兩雙中統襪，就比較不顯著。

為了應付寒冷，在公司利用毛毯蓋住膝蓋，這種舉動應該儘量避免，最好採用比較好看的方式。

優良的姿勢和美好的走路姿態是顯示年輕的要領

坐在辦公室裡，能夠挺胸，又不忘記女性溫柔的人，通常她的走路姿態也很好看，而且行動敏捷，給人年輕的印象，上司對她的觀感一定也很好。

據說東方女性走路的姿態不佳，看起來不優雅，這問題的癥結不在於腳的長短和型態，許多外國人的姿勢都很好，連老人走起路來也顯得很有精神，這並非由於他們的腿比較長，體型好看的緣故。

姿勢的好壞最主要的是取決於他的背部是否保持挺直，背部如果彎曲，腰部就跟著降低，脖子容易往前突出，有這種姿勢的人不論如何打扮，看起來還是一副老態，精心的打扮也變成是多餘的了！

假如妳想成為巧於打扮的人，就要經常注意妳的姿勢，只要依賴良好的姿勢，就可以顯出妳的年輕來。

因此，平常就培養下意識注意身體的脊椎骨，保持背部挺直，走路時，也意識到後面有人注視著妳，抬頭挺胸地走。

倘若不知道辦公室合宜的打扮，最好聽取女同事的意見

除了平常上下班所穿的衣服以外，有些場合可能不是只穿套裝就適合的，例如，公司要舉辦舞會，自己被派負責招待，出差或者必須拜訪重要的顧客等等，很多女性面臨這種場合會感到迷惑，不知道怎樣打扮才好。

這時最好請教已有許多經驗的女同事，聽聽她們的意見，她們對於妳的虛心求教，相信一定會當作自己的事一般，很親切地指導妳。

沒有這樣做，而隨便按照自己的想法，打扮好了就出去，有時可能對對方不禮貌，尤其是參加婚喪禮，如果穿得太簡單或太華麗，會使對方覺得妳不夠重視。

或者參加宴會時，其他同事都穿著工作的服裝，只有妳一個人打扮得很華麗，在宴會中也會感到不自在。這不只是妳個人的問題，如果妳是代表公司參加，妳的失敗也等於公司的失敗，因此千萬不要掉以輕心。

不懂髮型或化妝時，可參考公司其他女同事的裝扮

想要改變髮型或化妝來更換形象，或者藉此表現自己的個性，於是就想完全模仿雜誌上的流行款式，有的人會認為這可能超越出職業場所的氣氛，有的會猶豫到底該模仿到什麼程度，因而產生種種不安。

對於該如何打扮，不妨參考共事的女前輩的裝扮，看看其他公司的女職員如何化妝、穿著，也是一條可行的途徑。模仿類似自己職業的女性之打扮，和模仿自己喜愛的人的髮型，對於被模仿的人應該不致於唐突失禮才對。

例如，在銀行工作的女性可以利用中午休息時間，到別家銀行看看，在同樣立場工作的人當中，應該可以看到很會化妝，打扮又很適合工作身分的人，雖然不必一一模仿，但是，也可以由此得到某些啟發。

又，到同行的其他公司時，也可以站在客觀立場，確定在工作場所許可的打扮程度為何，做為以後自己打扮的規範。

下班後要去跳舞時，儘量不要張揚

有時為了改變心情，調劑生活，大家會想到下班後去跳跳舞，這種業餘的活動雖然有極大的自由，但是，如果妳想要穿著狄斯可舞裝從公司走出去，必須有所顧慮。

首先必須弄清楚下午五點以後公司的氣氛。有些公司雖然已過了下午五點，還是會有來客，這時客人如果在走廊上遇見那些穿著亮晶晶的流行服裝的女性，也許會在心裡暗想：「這家公司怎麼這樣沒制度……」

有時雖然超過下班的時間，可是還有人留下來工作，或許會擾亂到他們，影響他們也想停下工作去玩樂，而不願意再留下來做傷腦筋的工作。

其實在這種場合和時間讓別人看到那一身浮華的打扮，也不應該。最好是不讓別人看到，很快換好衣服，重新整理打扮，不必大聲和人說再見，迅速離開。

雖然這是小事，可是這樣的考慮，才是適合工作場所的變通的禮儀。

在辦公室裡看到和自己穿著一樣服裝的人，應該先和她說話，心中的芥蒂才會消失

女性較多的工作場所，往往會碰到穿著顏色和設計完全一樣的服裝的人，尤其現在的女性大都穿著成衣，類似這種情形的一定很多，更何況在工作場所附近的服裝店購買的衣服，買到相同款式的機會很大，而且在衆人中，一定也有幾個人興趣和嗜好非常接近，因此，買到同樣款式的衣服，又穿著出現在同一場所的情形很難避免。

碰上這種情形時，可能妳會在心中想：「啊！她也穿和我同樣的衣服，不知道她在那裡用多少錢買的？她穿起來似乎比我好看，不知道別的同事會怎麽批評？」

這時候妳不應該露出敵對的眼光，或者態度畏縮，假裝完全不關心也不恰當，相信其他人也正嚴密地觀察妳會有何反應。

這時最好的方法還是先開口和她說話，例如說：「啊！我穿的和妳一樣。」「妳穿起來倒很合適。」「太漂亮了！」先以明快的聲音說話的人才算勝利，萬一要是對方先開口的話，妳也要以明朗的聲音說：「我們兩個人的眼光倒一致啊！」

報以不拘束的笑容做為另一種回答。

☆裝扮的意外效果

我主張打扮後工作起來效率會比較好，也許有人聽了這種論調會嚇了一跳，或者也有人認為打扮會使人變得美麗，顧客看了也賞心悅目，工作起來比較順利，因而同意我的看法。

我在此所說的提高效率是指有打扮的人，藉著化妝和補妝可以減輕壓力，比起沒有化妝習慣的人，更容易消除疲勞，這和男性藉著喝酒減輕壓力是一樣的道理。

以前曾有某家公司做過這樣的調查，以十八位電腦卡片穿孔機操作員和三十三位美容人員為對象，分成可以打扮的一組和不能打扮的一組，以一週時間試驗，看這兩組人員的疲勞程度會有什麼樣的差異，結果顯示，可以打扮的那一組成員的疲勞度比較低。

由此可見打扮的功用並不只在於取悅別人，對自己的心理也會產生作用，看到自己可愛的臉會產生自信，心情就會好轉。相反的，被限制不能打扮的那一組，就因而情緒低落，於是疲勞度也加深。經常保持良好的心情，才能提高工作效率，而化妝就有這種意外的效果。

第二章

優雅化妝學

辦公室的化妝要以「工作的面孔」來化妝才合乎禮節

常常有人問說：「在辦公室一定需要化妝嗎？」關於這一點有許多的議論，有人就表示「我自己從來沒化妝過」，其實除了特殊情形之外，基本上每天早上應該化妝修飾後才去上班，這表示一個人有教養、守禮節。

因為，雖然一整天在工作場所中工作，但是，也經常有機會和別人接觸，和別人接觸時，應該沒有人會故意讓別人看見自己不好看的臉吧！注意言語和態度，不使對方有不快感，這是一個社會人士起碼的做人原則。同樣的，臉部也要讓人看到好看的容貌，所以打扮成「工作的面孔」是應當的。

談到化妝，有人就認為是以太人工化的方式，造成一張不自然的臉。其實化妝的目的就是為了表現出原來臉部的姣好，同時遮掩缺點，這和把房間打掃乾淨以歡迎客人光臨是一樣的道理。

因此，要出去工作時，也應該修飾自己的臉成為「工作的臉」，這才合乎辦公室的禮節。

對自己的容貌有自信，表情自然也就生動起來

任何女性都會有一兩次在鏡子前看到自己，而想「更美麗」的經驗，其中還有人會為了更美麗，不惜作任何努力。想要變得美麗，其實並不是難事，其先決條件在於對自己的容貌擁有自信。

我這麼說，也許有人會反駁：「我就是因為對自己的容貌缺乏自信，所以才感到苦惱啊！」然而同樣一個人，有自信和缺乏自信會使她看起來判若兩人。以實際例子來說，我們可以看到很多女歌星或女演員，隨著日漸走紅而更加漂亮，更有光采，這就是因為她們擁有自信，如果她們沒有產生自信，外表不會有這樣的變化。

人如果缺乏自信，表情自然就隨之暗淡下來，反之，一有了自信，表情就生動起來，變成一張她本身最美好的臉孔。值得慶幸的是，現代不只是歡迎高鼻樑、大眼睛的美人，也欣賞「多種面貌的美人」，也就是說，任何一種面貌的人都可成為美人。因此希望大家對自己的容貌懷著自信，有了自信，化妝起來更能顯現臉部之美。

而所謂的自信，也跟積極的工作態度有關係。對自己充滿自信而又賣力工作的女性，才是受歡迎的辦公室美人。

善於化妝的人，也能提高周圍的人對她的評價

在辦公室是否善於化妝，對女性得到的評價會有影響，這樣或許會有女性抗議說：「為什麼只看一個人的外表，而不確實衡量個人的能力呢？」然而實際上善於化妝的女性，大都會獲得「她的工作能力一定也不錯」這樣的評價。

當然，這裡所說的善於化妝，並不是說化妝技術像專家一樣好，而是指這個人到底能夠多注意小節、細心考慮到何種程度而已，重點並不在於修飾後的臉。

例如，應該塗在額頭到髮際邊緣的粉底，如果馬馬虎虎，塗過了事，甚至留下沒有塗到之處，使人看了覺得這個女性做事粗心草率，而連帶地產生她對工作也是漫不經心的印象。

當然，只以是否善於化妝來決定一個人應有的評價是不夠的，還要觀察她平日工作的勤奮程度，不過因為化妝可以明顯地顯示出一個女性的注意力，以及思慮細密的程度，所以男性上司和同事都會格外注意觀察，男性對於這方面的關注遠超乎女性所想像的。

化妝的主要目的非為了掩飾缺點，乃是為了強調優點

我們常可以在女性雜誌上看到介紹「使自己的小眼睛看起來比較大」，或「使低陷的鼻樑看起來有高的感覺」等等，專為掩飾自己臉部缺點的化妝方法。

女性想儘量掩蓋自己臉上的缺點，這種心情我們不難理解，但是，為了掩飾缺點的化妝，其實並不是良好的化妝方法。

因為，不管化妝技術如何高明，眼睛也不會變大，鼻樑也高不起來，過分偽裝掩飾，反而會引起別人特別注意，不但無法隱藏缺點，反而造成反效果。

化妝的主要目的本來就不是為了要掩飾缺點，而是為了突出自己的優點。任何人的臉部五官都有他的優點和缺點，認清楚自己的優點，決定化妝強調的重點，也就是說，妳是為了突出那些優點而化妝的。

如果妳能經由化妝充分顯現自己的優點，那麼別人就不容易看到妳其他的缺點了。能夠巧妙地強調自己優點的女性，在工作場所中，她也可以巧妙地表現出自己來。

為了保護皮膚，還是好好地化妝

我在前面曾經說過，對職業婦女而言，化妝就是一種禮儀，但是除此之外，化妝還有保護皮膚的目的。

各位想必知道女性的皮膚過了二十歲以後，就會開始老化。對皮膚來說，它最大的敵人就是空氣、乾燥和紫外線的照射，這都是形成皮膚粗糙、長黑斑、雀斑的原因。然而很不幸的，職業婦女遭逢這三種威脅的機會很多。

例如，冬季的暖氣室中，空氣很乾燥；除了上下班以外，到外面活動的機會也很多，容易受到寒氣和紫外線的侵襲，而即使坐在辦公室內也不能安心，因為如果是坐在靠窗的位置，仍然會接受透過玻璃照射進來的陽光中的紫外線。

對於容易遭遇皮膚大敵的女性而言，化妝可以說是保護臉部的一層外衣，例如，塗了油性的粉底，就可以防止皮膚水分的蒸發，或皮膚直接接觸紫外線。

照射陽光的機會很多的女性，應該好好研究那一種粉底能夠較有效地防止紫外線照射，長年使用，以保護皮膚。

想要顯出臉部健康的色澤，最好塗抹一層薄粉底

想給人年輕活潑的印象，最重要的是臉上要有光澤，在辦公室裡臉部缺乏光澤，容易給人「她昨天晚上可能做了什麽不節制的事」，或「她好像有病」等等不良的印象，因為健康又活潑的感覺來自光滑潤澤的肌膚。皮膚的光澤各人雖有差異，但是只要研究使用粉底的方法，誰都能呈現出皮膚的光澤。

一般說來，粉底以薄擦一層較能使皮膚適應，又能呈現出皮膚的光澤。因為人的皮膚會分泌皮脂，皮脂和粉底能夠彼此調適，才會使皮膚呈現光澤，所以粉底要塗薄，看來較為自然，而且皮膚才能適應，呈現光澤。如果隨便塗抹塗得太厚，或使用很油膩的粉底，皮膚會過度發亮，反而破壞化妝。

除了粉底之外，其他的化妝品也要儘量薄塗，才容易呈現光澤，這是因為接近皮膚的原色，而產生自然光澤之故。

忘記這一因素，想藉著人工來顯現皮膚光澤，而隨便使用含有珍珠色澤的化妝品，化的妝反倒不自然。

粉底要塗均勻，但各部厚薄不一，看起來較自然

我想在辦公室裡，大家都會注意自然的化妝，但是，所謂自然的化妝，一定有很多人以為只要簡單化妝或是化淡妝，這是不正確的，因為有人化妝不管如何淡妝，看起來還是不自然，這是為什麼呢？

自然的化妝秘訣之一是在於粉底的塗法。粉底具有掩飾的功用，但是假如薄薄地塗勻整個臉部，臉部看來反而比沒有打粉底前平面，不夠立體，並不好看。

想要化妝得很自然的人，應該在打一層粉底後，在鼻子等臉上較高的部位，塗上比較明朗的顏色。

不過，對於早上趕著上班，時間不充裕的女性來說，恐怕無法採用這種方法，因此我提供年輕的女性只以一種粉底增加變化的方法，那就是在臉上較高的部位，如鼻子、兩頰和額頭等處，仔細塗上粉底，其他部分則塗得較薄，好像若有若無的，故意造成厚薄不一，這樣即使不再塗上明朗的顏色，化起妝來也會顯得很自然。

在眼睛周圍塗太多的粉底，會產生濃妝的錯覺

在辦公室裡，男性職員最討厭的就是女職員的濃妝。的確，隨隨便便在臉上塗抹許多化妝品，化成濃妝，不只是男性，連女性看了也會覺得不舒服。在這裡要談的就是注意是否過度化妝，不過這並非完全以化妝品的用量來決定。專家在化妝要造成陰影時，就會使用多種顏色，而且處理起來讓人弄不清是否化過妝，有很自然的感覺。相反的，不會化妝的人，雖然使用少量的化妝品，也可能化成濃厚感覺的妝。

造成這種情形有幾個原因，其中之一是眼睛周圍的粉底塗得過厚，粉底打得太厚，撲白粉時會附著太多的白粉，於是在眼睛周圍形成厚壁似的白粉，然後會慢慢地產生裂紋，當然很難看，這時候別人看到這張臉也會吃了一驚，「這個人怎麼化妝得這麼濃！」他們會這樣想。

另外值得注意的是，眼睛周圍容易乾燥，在這裡撲了太多白粉，小皺紋會特別顯著，看起來會有老化的感覺，因此，要特別留意，不要弄巧成拙。

想要使眼睛看起來表情生動，應該刷睫毛

不管多麼美麗的女人，或者多麼精心化妝，如果面無表情的話，她的美麗也會被扼殺。臉部造型和化妝雖然也是美的要素，但是最大的要素卻在於生動的表情，而表情是否生動，眼睛往往是關鍵所在。

眼睛只要稍微化妝，就能使得面部表情生動，增加許多美感。

談到眼部的化妝，大家都會想到畫眼線，塗眼影和刷睫毛來。但是，眼部的化妝並不需要完全採取這三種步驟，可以因人而異。

一般的年輕人因為睫毛濃密，所以只要刷睫毛，略加強調，眼睛的表情就會生動起來。如果覺得睫毛長度不夠的人，可以使用人造纖維的假睫毛。

一般說來，在辦公室裡，眼睛的化妝方式都容易令人討厭，尤其是中年以上的男性，即使只看到塗了淡的眼影，也可能產生排斥感，但，如果只是刷睫毛，除了特別注意看，否則不容易看出來。

因此，刷睫毛是變成辦公室裡表情生動的美女的好方法。

想要從眼睛表現出年輕感，就要畫眼線

曾經到歐洲或美國旅行過的人，誰都會發現東方人不管走到那裡，他的外表看來都會比實際年齡年輕，甚至有的已三十歲的人被誤認為尚未成年。

以西方人的眼光來看東方人，所以顯得年輕的原因之一是睫毛很黑，黑色的睫毛覆在眼睛周圍，使得眼睛的瞳孔和白色部分形成清楚的對比，於是變成生動而且年輕的眼睛。金髮的外國人大都使用黑色假睫毛就是基於這點原因。

東方人的黑睫毛在化妝時如果沾上白粉，映在鏡中的臉看起來會突然變老，就像老人愈老愈稀疏的睫毛一樣，隨著眼睛周圍的顏色變淡，也就減輕年輕的感覺而顯老態，所以眼睛如果能巧妙的畫上眼線，看來就像長著又黑又長的睫毛一般，會顯得年輕。

因此，想要有生動的表情和明亮動人的眼睛，除了刷睫毛以外，畫眼線也很重要，而眼睛靈活生動，也會給人一種工作能力很高的印象。

眼線要畫在睫毛根部邊緣，眼睛才會自然而生動

有很多公司對女職員的化妝雖然比較寬容，可是對畫眼線仍然有嚴格的規定。不適合皮膚顏色的眼影，和畫得過分的眼線，的確會令人有不自然的印象。

但是，畫得自然的眼線，不但不會被古板的上司察覺，反而因為眼睛富有表情，看起來很生動，而給予對方好感。

不習慣於化妝的年輕女性，常常在畫眼線時失敗，其原因是她們拿著筆在眼睛外側上隨便拉一條線。

實際上眼線應該畫在眼睛邊緣，睫毛的根部與根部之間畫連起來，看起來睫毛與睫毛連在一起，就像是睫毛密生所產生的一條線一樣，明顯烘托出眼睛。

過去不論如何都畫不出自然的眼線和單眼皮的人，如果用這種方法，就能畫出自然的眼線，不管眼睛是大是小，都會因此顯得生動有表情。

以這種方法來畫眼線，起先可能相當費時，然而只藉著生動的眼睛，就能加深別人對妳的印象，提高對妳的評價。

顏色愈好看的眼影愈會使眼睛顯得浮腫

剛開始做眼部化妝的人，容易失敗的一點是眼影顏色的選擇，因為顏色選擇不適當而破壞眼部化妝。

漂亮的藍色和鮮明的綠色，好像可以使眼睛變大，看來更清爽，所以大家很容易選用這兩種顏色。但是，看起來很美麗的顏色，塗在眼皮上往往會使眼睛顯得浮腫，這是因為彩度愈高的顏色愈不能配合膚色之故。

眼影的顏色還是以塗在眼皮上沒有違和感，看來較漂亮的為理想，如果只是顏色本身醒目，眼部化妝就會失敗。因為顏色太顯著，所以會給人塗得過多的感覺，難怪男職員對塗了眼影的女性會誤認為化妝過度。

所以，當妳聽到別人對妳說：「妳的眼影顏色真不錯」時，不要認為人家在讚美妳，而應檢討看看眼影是否過分明顯。

眼影的色彩非常多，因此，選擇時容易感到迷亂。選購時最好先塗在眼皮上，請別人看看是否有違和感，然後才作決定，這樣才能避免買回不適用的眼影。

想遮掩眼皮的浮腫，最好使用有自然感的褐色眼影

單眼皮的人難免會有眼皮浮腫的感覺，為此而苦惱的人也不少，不過我們看到有些單眼皮的女明星。雖然眼皮浮腫，卻也有浮腫的魅力，因此，化妝時應該考慮如何去運用某些特質，創造獨特的魅力。

如果想要利用化妝勉強遮掩浮腫的樣子，很容易產生不自然的感覺，反而不適合辦公室的氣氛。

想要緩和眼皮的浮腫，首先應該選擇適合於皮膚顏色或是稍暗的褐色眼影，使整個眼皮的顏色明暗調和。

選擇接近皮膚顏色的眼影，不論如何塗擦，也不會使人察覺，看起來很自然；暗一點的褐色眼影會使眼睛看起來凹陷下去，所以浮腫的感覺就會減輕。眼影的顏色雖然有許多，但是，基本上應該選擇接近皮膚的顏色。

接著睫毛塗上睫毛膏，這樣就能使眼睛的表情顯得非常生動，變成和雙眼皮不同感覺的可愛的眼睛。

眉毛不要過度修飾才能顯得年輕

過去有一段時期，流行細如一線的眉毛，可是在辦公室工作的年輕女性，如果眉毛整理成很細的漂亮眉毛，會使人有過度修飾的感覺，失去生命力，反而不好。

從化妝的趨勢看來，最近大家比較喜歡不經過技巧修飾，自然的粗眉，這種眉型才有「生命力」的感覺。

粗濃的眉毛是年輕的象徵，眉毛粗自有粗眉的美，所以儘量保持自然，不要過分修飾，拔眉毛、刮眉毛。

如果妳無論如何都為過濃的眉毛耽心，也可以拔掉一些，可是自己認為多餘的部分，也可能造成眼影，使眼睛襯托得更加漂亮，更有年輕的感覺。所以，認為多餘而想拔除，還是要多加考慮，尤其眉毛是保持左右對稱感的重點，千萬不要隨便拔掉。

眉毛的化妝要等到年紀相當大，不得不修整時，再加以修飾，到了那時臉部有了變化，才適合修飾成美麗的細眉。

美麗的粉紅色嘴唇是獲得別人好感的女性氣質所在

開始意識到愛美的少女，最初使用的化妝品就是口紅，感到年老而慢慢脫離眼影和粉底的女性，還會繼續使用的化妝品也是口紅。口紅對女性而言，是最初，也是最後的化妝品，它好像是象徵女性的化妝品。

在辦公室所使用的口紅，最大的問題在於顏色。那一種顏色的好壞如何，雖然不能一概而論，但是疾病性的沈暗顏色容易令人有不快之感，因此無論如何，還是避免使用為妙。使用品質良好，顏色鮮紅的口紅，或者有溫暖感、油膩發光的口紅，也許很性感，但是，如果在辦公室使用這種唇膏，會有強烈的違和感。

不管什麼時代都會受人喜愛的唇膏顏色，是像嬰兒唇色一般，自然的粉紅色。相信有化妝品的女性一定都會有一條粉紅色口紅，因為，粉紅色對女性來說，是永遠令人憧憬的顏色，而略帶粉紅色的嘴唇，是最能表現女性特有的、難以形容的撩人的特質的顏色！最能夠表現年輕和明朗的，也是粉紅色口紅。

☆粉底必須配合季節選擇使用

到了春天，草木發芽的季節，妳們會不會覺得自己的皮膚也油潤起來？那是因為氣候溫暖，使皮膚活動變得活潑之故。這時我們就要選擇和冬季不同的化妝品來使用比較有效。粉底也是其中之一，如果冬天使用油性粉底，春天就應該改用有清爽感覺的粉狀粉底。

從春天到夏天這一段時間，紫外線也會增多，粉狀粉底含有可以防止紫外線的成分，所以適合這時候使用。

秋風開始吹起，感覺到眼睛周圍和嘴唇周圍逐漸緊繃時，就要從粉狀粉底改為使用油性粉底。從秋天到冬天，新陳代謝能力逐漸減弱，皮脂的分泌也會減少，因此使用油性粉底才適合。

在春天和秋天要改換粉底的時期，還要看看當時的氣候和自己的皮膚狀況來決定。

粉底是化妝的基礎，如果粉底不脫落，眼影和腮紅也可以持久，所以要配合季節謹慎選擇。

按照唇型來描塗口紅，既簡單又自然

塗口紅最容易失敗的就是嘴巴太大，而故意描出櫻桃小口來，或者是小小的嘴卻故意塗大，這樣勉強調整嘴巴大小，當然塗得不好看，而且想描出和原來嘴型不同的形狀，當然會產生不自然的感覺。

在辦公室裡的化妝，還是以自然為尚，配合自己嘴型的大小來塗口紅，描出的嘴巴才是最自然、最美的，因為嘴是配合自己的臉，所以不要勉強改變它既有的形狀，按照原型描塗，描起來簡單，塗出來好看，要是大嘴故意描小，口紅和粉底脫落時，露出下面一張大嘴，反而難看。

現在是強調個性的時代，不管是大嘴小口，都可以成為個人迷人的特點。對自己的嘴具有自信，考慮到如何使嘴更呈現魅力，最好還是按照嘴唇的輪廓來描，使用較鮮明的顏色好呢？還是塗上輕淡的色彩好呢？設法找出適合自己的。對描繪嘴型過分花費心思，倒不如選擇適合自己嘴唇的顏色來得有樂趣。

留在咖啡杯邊緣的唇印要偷偷拭去

吃東西或喝咖啡時，往往會在杯緣或碗口留下紅色唇印，這時應該將口紅印拭掉。可能有人認為這是一般常識，何值一提呢？可是在辦公區附近的餐廳、咖啡店，留下有明顯的口紅印的食具就離開的女性相當多。

留在食具上的口紅痕跡絕不是很好看的。留下口紅印在杯子上，卻毫不在乎地離開餐廳的女性，在很多男性眼中覺得這是不潔的，不管她是多麼美麗的女性，這一點就足以使男性討厭。平日如果不養成擦去的習慣，有時到顧客處去處理重要的工作，也會因平時的大意，留下口紅印。

留在碗或茶杯上的口紅，應該用衛生紙偷偷擦掉。為了避免留下口紅印，最好在塗過口紅之後，再拿衛生紙放在唇緣，用力抿一下，紙上就會印出口紅，等到吃東西，嘴唇接觸食具時，就比較不會留下紅色的痕跡。

這雖然是小節，然而注意小節是比會塗口紅還重要的基本禮節。

皮膚較粗糙的人，利用眼睛和嘴來強調光澤

一般而言，年輕女性的皮膚都很細膩，有的人甚至不必抹粉，也覺得皮膚很美，但另一方面因為皮膚粗糙而感到苦惱的人也不少。皮膚太粗糙，外表顯得比實際年齡大，化妝起來也不好看，可能會因此而自卑，在辦公室裡雖然比別人更會做事，卻總是不敢自由自在地走來走去。

其實這種苦惱也可以用化妝的技巧來彌補。最重要的是打粉底，粉底要避免使用油脂太多的。油脂多的粉底當然可以增加皮膚的光澤，但是皮膚發光會更強調粗糙感。

前面我雖然說過，光澤的皮膚可以使人顯得年輕，但是皮膚粗糙的人反而應該使用可以控制光澤的粉底，只是這樣一來，就會產生沈悶的感覺，因此高明的做法是：

把可控制皮膚光澤的相當分量的化妝品，藉著嘴部和眼睛的化妝來發出光澤，例如：使用有光澤的唇膏，或是使用帶有珍珠色澤的眼影，就可以產生有光澤的效果，整體看來就顯得非常生動。

過分強調眼睛和嘴唇的化妝會顯得太繁複

開始化妝不久的女性，容易失敗的另一問題是，往往會化妝得太複雜。最初因為很想嘗試各種化妝，於是就參考雜誌介紹的化妝，為了想要全部都修飾得很好看，於是眼部細心地化妝，而塗口紅、刷腮紅，眉毛也注意到了……可惜這種努力往往白費枉然。

任何部分都化妝得百分之百美麗，反而會失去整體的協調，變成複雜、濃妝的印象。又因為沒有分寸，沒有重點，所以臉部的造型看起來是平板、缺少變化的。

化妝的均衡感很重要，不要一切都想達到百分之百的完美，可以簡略之處就簡略，掌握分寸才能使全體有自然協調的感覺。

例如，眼影加濃了，嘴部的顏色要稍作控制；反之，若要把口紅的顏色改為強烈的顏色，眼睛的化妝就應該清淡一些，不和嘴唇相抗衡。

一般說來，如果眼睛和嘴唇兩者都要強調，化妝會變得很複雜，因此，只選擇其中之一來強調，才能造成整體的美感，也就是高明的化妝。

腮紅塗抹在洗澡時臉頰發紅的部位，才會顯得自然

年輕女性化妝失敗的例子中，最常見的就是腮紅的塗法。自己以為塗得很好，可是只要顏色稍濃，或塗得太廣，立刻會遭受男職員批評說：

「怎麼搞的！她化妝得那麼濃艷。」

坦白說，腮紅的使用是化妝中最困難的，連職業化妝師有時也會搞不清到底該如何才好。

一般健康的年輕女性，皮膚會呈現自然的紅潤，完全不必刷腮紅，但是臉色不好的人，還是稍微抹些腮紅，才能襯托出健康、明朗的氣息。

腮紅的塗抹方式也有流行性，但是一般說來，只要擦在皮膚會自然發紅的部分就沒錯。例如：洗澡時，因為身體受熱，使臉部發紅的部位附近；或是因害羞而臉紅時，臉上會很快漲紅的部分。刷腮紅的方向應該按照雙頰的肌肉拉動的方向來刷，如果方向弄錯了，刷好後看起來就不自然，也不美觀，和化好妝的臉相去甚遠。

另外要注意的是分量不要太多，每次薄薄刷上一層，反覆幾次，等到看起來有紅潤的血色時，就應該停止。

因事而晚回家時，不管如何疲勞，也要先卸妝才上床

因工作感到非常疲勞，或有約會而晚回家時，有些人因為疲勞或覺得痲煩，所以還沒洗掉當天的化妝就上床睡覺，這種做法會傷害到皮膚。不管什麽情形，睡覺前完全洗掉化妝，不可忘記保養皮膚，這是保持健康美的要件。

我們在睡覺時，也應該讓皮膚細胞得到充分的休息，消除肌膚的疲勞，使它們明天能夠再度發揮效率，所以入睡前必須完全洗掉化妝。

同時為了慰撫在白天照射到紫外線、沾上灰塵，以及接觸乾燥空氣的皮膚，當然必須有一些保養措施。

如果覺得保養工作太痲煩而做不到，至少不要忘記洗臉。污穢的東西不洗掉，而且睡眠又不充足，皮膚細胞就得不到充分的休息。

粉底也是一樣，塗在臉上的時間儘量不要太久，一回到家就洗臉，洗去臉上的化妝品和污垢，努力保持皮膚的清潔，這就是皮膚最佳的保養。

想成為善於化妝的人，就要先找出可以省略化妝的地方

有的人雖然每天早上對鏡拚命化妝，可是卻有一種化妝沒有做到，因為這種人都是用「加法」的觀念來考慮化妝方法，這就是化妝有缺失的癥結所在。

一般觀念都認為化妝就是在臉上塗滿各式各樣的化妝品，的確，化妝應有的過程就是先打粉底，接著塗上補充的顏色，然後撲白粉……等等，大約有十多種步驟。然而是否非得經過全部的程序，就不能化成完美的妝呢？我認為絕非如此。

做到每一過程和步驟，往往反而變成太複雜，或造成平凡的印象。假如自己的皮膚很有光澤，就可以省略不用帶有珍珠色澤的化妝品，只刷胭紅就可以，看來和抹粉的皮膚沒什麼兩樣。自己對鏡審視，考慮那一部分可以省略化妝，以後化妝時就不必按照化妝的每一步驟來實行。

像這樣以「減法」的觀念來化妝，才會有清爽的化妝。

當然，想要得到這種省略的要領之前，必須先體驗大概的所有過程才行，而隨著熟悉化妝，就可以找出自己可以省略的步驟，創造自己獨特的化妝。

決定一項自己的化妝要點，就可以化妝得清爽，給人好感

頭髮有髮飾，耳朵有耳環，脖子有項鍊，兩手手指有戒子，裝飾的名目繁多，但是，如果在全身綴滿裝飾物，會變成一個怎樣沒氣質的人呢？我想任何人都可以想像得到。

前面已經說過，打扮不應該只有「加法」的觀念，也必須應用「減法」的觀念，這不只是化妝的問題而已。

那麼具體說來，化妝應該怎樣省略才恰當呢？

基本上以集中於一個化妝重點為原則，因為集中在一項要點，就不必耽心像全身綴滿裝飾品一樣，令人眼花撩亂，而會化出整潔清爽，予人好感的妝來，甚至由於吸引別人的目光集中在一點上，還可以表現自己的個性。

至於如何決定自己的化妝重點呢？大體上就如剛才說過的一樣，例如，以眼睛或嘴巴為重點，如果有些人的皮膚很美，就可以把重點放在皮膚上，強調出皮膚之美。這種人只要多運用腮紅，其他部分簡略，就能表現出皮膚的白皙細膩。

總而言之，化妝要找出自己的重點加以強調。

早上的化妝時間只要五分鐘就足夠

據說職業年輕女性，早上所花費的化妝時間平均約五分鐘。五分鐘聽起來好像很急迫，可是並非是出外遊玩的化妝，所以早上五分鐘的化妝時間已經足夠了。其實早上要吃早餐，又要挑選服裝，非常忙碌，根本沒有辦法花費太多時間在化妝方面。

當然，有些人必須花較長的時間，不過上班的打扮並不需要花費太多時間。以打粉底來說，只要擦在化妝容易脫落的地方，仔細地塗抹，其他部分可以不擦，或者只要畫上眼線就可以結束一切的化妝，反正只要把握重點，做到最低限度必要的化妝即可，也許看起來會格外地清爽，不論如何，他們的失敗很可能是發生在過分花費時間吧。

以上所說的是就上班的情況而言，如果要參加特殊的場合時，就不能以五分鐘的時間了事，應該多花些時間，塗在臉上的東西和平常沒兩樣，但是，這時候就很需要多花些時間化妝，仔細塗抹化妝品。

假如只有五分鐘的化妝時間，也要抱著愉快和從容的心情化妝

早上太晚起床，連早點也沒吃，匆匆忙忙化過妝，就趕去上班，到了公司放下心來照鏡子，這時才發現睫毛附近有一點一點好像黑斑的東西，不由得臉紅起來——妳是否有過這種失敗的經驗呢？

像這樣早晨慌忙的五分鐘化妝，雖然和有充分時間化妝沒有太大的差異，可是容易失敗，有些瑕疵，這是為什麼呢？

原因之一是心中缺乏寬裕感。

例如：刷睫毛還沒有等睫毛膏乾透就眨眼，有時睫毛前端的膏液會沾附在眼睛周圍，在慌忙中很容易忘記這一點。眉毛也一樣，用眉筆補畫眉毛時，不要只從正面觀看，也應該由側面審視一下，否則也許眉毛會留下好像用剃刀剃過的線。

假如只有五分鐘時間讓妳化妝，妳也應該穩定心情，仔細地塗畫，才能避免失敗。最好製造好像一邊聽音樂，一邊化妝般快樂的氣氛，化妝不需要抱著「必須化妝」的義務，而是抱著快樂的心情來化妝。

化妝按照自己的順序，才是最得要領又最巧妙的化妝法

我們常在雜誌上看到介紹化妝順序的文章，大體上的順序就是先打粉底，再撲白粉，畫眼睛、眉毛，塗口紅，最後才刷上腮紅。或許是看了這種說明的緣故，有不少女性都認為必須按照這程序不可，其實我們不必太拘泥於這程序，這只不過是一般性的化妝法而已，個人可以發展出自己的方法。

例如，把嘴唇當做自己化妝重點的人，必須先把口紅塗得好，眼睛的化妝可以留待後面，以這種順序來化妝，反而可以使眼睛和嘴的化妝均衡，避免眼部化妝過濃。

小孩所畫的圖畫，如果畫薔薇，就會先畫好一朵薔薇，然後才畫上葉片或花瓶等東西，按照各部順序完成，結果顯得很不均衡。如果是畫家以薔薇為題材作畫，就會一面畫花，一面畫葉，同時還畫花瓶，視全體的情況來完成整張畫。

化妝的道理也一樣，不必太拘泥於順序。

化妝用的鏡子最好選擇使「自己滿意」的鏡子

打扮時鏡子是不可缺少的東西，為了自己能巧於化妝，選擇鏡子時就要謹慎。選鏡子最重要的是自己照起來是否很美，也就是「自己滿意的鏡子」。說也奇怪，有些鏡子可以使自己照起來顯得很美，有的則不會。化妝時會令人快樂的，當然是那種「自己滿意的鏡子」，如果使用令自己不滿意的鏡子，看到鏡中人就心情不好，大概也不會有心思化妝，對自己也缺乏自信。

鏡子和光線的關係也很重要，以光線從前面四十五度斜射的角度最理想，這樣就不會映出奇怪的影子，否則化妝時容易受這影子影響，對顏色判斷錯誤，致使眼影和腮紅塗得太濃，光線太暗也會造成過度化妝的情形。不過鏡子也不是明亮就好，若連自己的毛細孔也看得一清二楚，整張臉看起來反而不好看。

最好選擇同時可看到側面的三面鏡，還有不只可以看到臉部，而且可以照見全身的大鏡子也需要，除此之外，若還具備一面手鏡，對妳的化妝打扮就更有幫助了。

檢查化妝要從距離鏡子五十公分遠來看

上班以前，化好妝後還要照照鏡子，檢查看看完妝的整個情形，相信女性都會這樣做。只是檢查化妝時，大多數人會把鏡子拿到面前，或者湊近鏡子來檢視化妝。

事實上，檢查化妝光是這樣做並不夠。

把鏡子拿近臉部來檢視化妝，的確可以看出化妝細部的好壞，然而會像這樣近距離看妳的臉的人，大概只有妳的情人而已。一般人和妳接近時，會和妳保持大約一公尺的距離，所以檢查化妝時，也應該用別人看妳的距離來看自己。

距離鏡子五十公分遠看到的鏡中的臉，差不多就是平常別人所看到的妳的臉。和鏡子保持一些距離來檢查化妝，才可以清楚看出化妝整體是否匀稱。

髮型也是一樣。儘管妳認為髮型修整得很不錯，可是站開一點兒來看才發現和全身並沒有保持均衡。

別人第一眼看到的並不是很細微的部分，而是整體的印象，因此，應該以整體的印象為準，來考慮化妝和髮型。

檢查化妝時，最好自己對著鏡子說說話

我們看到大部分的女性在鏡前檢查化妝時，都表現得很不自然，裝出一本正經的模樣，假如這是照相還無妨，但是面對鏡子露出一本正經的神情，就不能好好檢查化妝。

因為在公司裡和別人有所接觸時，不能老是默默地擺著一張正正經經的臉，和對方說話時，眼睛、嘴巴都會動，也就是說別人所看到的妳的臉，和一本正經的臉有所不同，如果不確實認識別人可看到的妳真正的臉，卻看到好像在拍照的一本正經的臉，就算不上是良好的化妝檢查法。

因此，化妝完成時，最好對著鏡子，和鏡中的自己說說話，或許妳會意外地發現眉毛的動作，或是應該塗得很好的口紅，隨著嘴唇的動作，輪廓線有了變化，因而感到奇怪；不然是笑起來眼睛下面有深刻的線條……等等。

如果忘記這些檢查，難得的化妝有時也會產生意外的失敗。

想要創造可愛的笑臉，就要利用鏡子來訓練自己

如果妳的化妝想在辦公室贏得他人好感，除了化妝技巧的努力之外，希望妳同時也注意到製造好的表情。不管化妝得多麼好，假使表情太黯淡，或者太刺眼，難得的化妝也產生不出魅力來。

關於表情的事，很意外地竟然有許多人不知道自己的表情如何，也不了解自己的臉部。專業模特兒就會徹底研究自己的臉，不斷訓練自己，直到可以隨心所欲做出各種表情為止。我當然不敢要求大家和職業模特兒一般，不過至少每天早上一次，在鏡前端詳，確實認識自己的表情，知道自己會給人留下那種印象，然後多加練習，使自己能做出好看的表情來。好的表情可以以眼神和笑容來決定。

利用照片來研究，找出自己最喜歡、最好看的表情，再者也可以拿自己喜愛的明星的表情作榜樣，在鏡前模仿，這也是一種方法。

誰都會喜歡笑容可愛的人，可愛的笑容對妳來說，就是無比的財富，希望各位以成為笑臉美人為目標而努力。

第三章

使妳更美麗的打扮學

因睡眠不足產生黑眼圈時，眼線要畫濃

晚上和朋友去玩樂，很晚才回到家，隔天早上照了鏡子，發現眼睛下有黑眼圈，因而嚇了一跳，有過這種情形的人大概不少吧！

有的人很容易有黑眼圈，有的人不會，但是睡眠不足或喝酒過量時，通常都會產生黑眼圈，以致於在早晨時要為這件事苦惱。

年輕女性如果臉上帶著黑眼圈去上班，往往會受人懷疑：「她晚上不知在搞什麼鬼？」而自己也不喜歡別人看到這副模樣吧！如果是淡淡的黑眼圈，可以仔細地在眼窩處塗上明朗的粉底，要是黑眼圈太明顯，可以用掩護力很強的粉底，在黑眼圈上塗上這種粉底，看起來就不顯明了。

不過粉底有時會隨著時間較久而脫落，而且眼睛下方的化妝特別容易脫落，如果只這樣做而覺得不放心的人，可以用力一點來畫眼線，或是把睫毛刷濃一些來掩飾。

這樣一來，別人就會把視線集中在眼皮和睫毛上，經過化妝掩飾的黑眼圈就不會被人察覺。宿醉和睡眠不足，有時不但有黑眼圈，眼睛還會充血，這時就要點上眼藥。

愛哭、容易掉淚的人最好用防止水溶性的眼線液和睫毛膏

工作做得不好，挨上司責罵時，有些女職員會當場哭出來；有些人則因為人際關係不好，跑到廁所裡偷偷掉淚，不論如何，這種舉動都會破壞化妝。

哭的時候最麻煩的事，就是眼線和睫毛膏溶解，形成黑色的眼淚，使眼睛周圍一圈黑，甚至在兩頰留下黑色痕跡。遇上這種情形，最好洗掉所有的化妝，重新化妝一次。

但是，眼睛不好，愛哭、容易流淚的人，經常都會遭遇這種化妝危機，應該設法防止因流淚而破壞化妝。

最近有一種夏天用的睫毛膏和眼線液，不管怎樣游泳，碰到水也不會脫落，很耐得住水的溶蝕，因此，容易流淚的人，一年四季都應該使用這一種眼部化妝品，這樣就不必耽心眼部化妝會脫落，進而影響整體的化妝。

眼睛不太好的人，眼睛容易充血，充血紅腫的眼睛當然不好看，所以最好在抽屜中經常準備一瓶眼藥水，眼睛一感到疲勞，就拿出來點一點，這也是要防範預備的。

身體的健康狀況不佳時，應使用比平時所用更鮮豔的口紅

健康影響外表的程度雖然因人而異，但是生理期間和身體有疾病時，臉色通常也不好。露出痛苦表情去上班的女性雖然也有，但是上班時不論如何痛苦，也不應該表露在外表上，因為這會使周圍的人耽心，影響工作，如果真的非常痛苦，就該請假在家休息。

察覺自己今天的身體狀況不佳時，要特別對化妝用心，不要讓周圍的人發現自己的臉色不好，這也是職業婦女化妝的重要禮節。尤其是因為宿醉或過度玩樂，致使臉色不佳時，更應注意不要讓他人察覺。

遇上這種狀況的對策是，化妝比平日稍微濃而明豔。粉底的顏色改用較鮮明的，並刷上腮紅，而最有效的是顏色鮮豔的口紅。鮮豔的口紅會使沈黯的表情變得明朗，同時也會影響心情，使心情開朗起來，真是微妙！

因為工作而心情煩悶時，就塗上比平日華麗的口紅

在工作時很容易產生各種壓力，因此，也要懂得如何解除壓力。有些人會利用唱歌、作運動流汗，改變氣氛的方式來紓解壓力，妳應該找出適合自己解除壓力的方法。女性如果想放鬆心情，化妝的效用不可忽略。

例如：利用口紅減輕壓力，在心情低落時，塗上比平日鮮豔的口紅，有時心情就會開朗起來。化妝對女性的心理影響絕對不小，所以平常只使用色彩樸素的口紅的人，最好準備一條可以改變心情的華麗的口紅。

稍微改變髮型，也是變換氣氛的好辦法。改變髮型時，也同時改變化妝來配合，這樣改變心情的效果會更大。嘗試改變自己，扮演和平日感覺不同的另一個自己，這也是女性另外一種樂趣。

在扮演和平常自己不同的角色時，壓力有時就會自然而然地消失。

曬黑的皮膚可以利用有珍珠色澤的眼影和口紅增加光澤

到了夏天，在辦公室裡可以看到皮膚一向白皙的女性，也被太陽曬得很黑。雖然同樣是被太陽曬黑的皮膚，有的看起來很有魅力，有的則不然。

這種差異是如何造成的呢？原因就在於皮膚有沒有光澤。有光澤的小麥色皮膚，看起來極具健康美，有些黑人的皮膚看起來黑得很漂亮，這也是因為皮膚有光澤的緣故。相反的，皮膚很乾燥，缺乏光澤，曬過太陽變黑後，看起來就很黯淡，沒有什麼美感。

因此，若要使曬黑的皮膚更加美麗，就要利用化妝，在皮膚上製造出光澤。皮膚缺少油脂要先抹上雪花膏，以補充油分，接著打粉底，粉底愈薄愈會發出光澤，眼影和口紅要使用有珍珠色澤的，這樣就可造成光澤感。

想使曬過太陽的皮膚有健康美，必須在剛曬過太陽後，就立刻開始保養，尤其是到海邊戲水或去爬山，突然曬黑了。

為了防止皮膚變粗糙，脫皮時不要勉強剝下將脫未脫的皮，先用有消炎作用的化妝水來保養，直到皮膚恢復原狀以前，暫時不要化妝。

曬黑的皮膚要有明朗感覺，不要使用白色粉底，以免造成反效果

過去大家聽到曬太陽，認為這只是夏天的事，其實打網球的人，一年之中，皮膚大半都是被曬得黝黑。如果平常能利用這種膚色來化妝，可以使人有既年輕又健康的感覺。但問題在於要參加舞會時，不論穿上多麼漂亮的服裝，那一張黑黑的臉，還是會有違和感。

這時候如果妳為了使膚色白一點，就使用白色粉底，反而會產生相反的效果。白色的粉底很不容易和黑色皮膚產生協調，使用不得當，皮膚的顏色非但沒有改善，反而變成鉛色一般，弄巧成拙。

曬得太黑的皮膚，不必以其他方法勉強改變，倒不如利用皮膚的深顏色，化妝成健康開朗的印象。做這種化妝時，粉底應該使用和膚色接近的顏色，也要比平常使用的顏色明朗一些。但是這明朗度也不能太明亮，否則不調和。

前面說過，過了二十歲，女性的皮膚會開始老化，因此要善加保護皮膚，最好不讓皮膚曬黑。

口紅和眼影的顏色如果要依同色的豪華主義來選擇，不如採用廉價的多種顏色

對年輕的女性而言，令人頭痛的問題之一，就是如何在有限的預算中來享受裝扮。化妝品如果能夠自由地愛買什麼就買什麼，那當然很好，但事實上這不容易做到。

我想告訴這種年輕女性，口紅和眼影之類的化妝用品最好不要只買高價的一種，而在同樣的預算中，儘量買廉價的幾種。

也許有人會說：「我從來不使用廉價品。」但是有各種顏色的化妝品，享受化妝的範圍就比較廣泛。

尤其年輕女性剛開始化妝時，還沒有找到最適合自己的化妝方式以前，各種化妝都嘗試一下，流行的顏色也用看看，辦公室的化妝也不能每天一樣。

化妝的樂趣並不在於使用高級化妝品，就會使人更加美麗，應該從各種品牌中，找出品質和價格最適合自己的化妝品，昂貴的不見得適合自己使用。

想要不浪費地享受化妝，使用小型的化妝品也是辦法

指甲油和口紅、眼影等還剩下很多，卻不想使用，一直讓它在抽屜中睡覺的女性很多。因為，對於過去使用的顏色膩了，或者覺得不適合自己，認為它的顏色已經不流行，許多理由使妳不再使用，而擱置一段時間以後，就不能再使用，因為化妝品可能已經變質，用了會傷害皮膚，這種情形遂造成化妝品的浪費。

化妝品因為流行性很高，所以大家都很容易剩下一半就不想再使用。小型的口紅、指甲油或一色色零售的眼影，裝量少，可以毫不浪費地用完，而且價格又比較便宜，非常經濟實惠，因此，很受年輕女性的歡迎。

小型化妝品的體積不大，攜帶容易，上下班或出差、旅行時都很方便。如果將眼影裝在專用的化妝盤中，可以裝好多種顏色，使用和攜帶也都很方便。

最近，像這種迷妳型的化妝品很盛行，能夠巧妙利用，也是使妳成為善於化妝的人的秘訣。

補妝時間在中午和傍晚，一天至少兩次

在辦公室的化妝引致男職員不好的批評之一是補妝。化妝脫落的確是令女性耽心的事，但是在工作中到化妝間，很久還不回來，不管這個人化妝得如何整齊，也會被人批評沒有資格當職員，因此，補妝又有所顧忌。

一般說來，油質皮膚的人，化妝比較容易脫落，乾性皮膚的人則不容易脫落，所以需要補妝的程度各有不同。但是早上化妝後，至少必須在中午和傍晚的時候再補妝，一天兩次。

補妝時不必把整個臉重新化妝一次，只要使用吸油紙或衛生紙，輕輕按一按浮出皮膚表面的油脂，再撲一撲白粉，補充口紅就好，因此，只要一分鐘時間就足夠，如果在化妝還沒有大量脫落以前補妝，做補妝時就很簡單。有些人到了傍晚時，會因為疲倦使得皮膚的顏色灰暗下來，這種人只要在補妝時再輕輕刷上腮紅即可。

不論如何，在工作中花費很多時間常常補妝，有違工作原則。只要在午間休息時，和傍晚下班以前，各補妝一次，這才合乎辦公室化妝的原則。

補妝只要檢查化妝脫落處再補上即可

午間休息時，在公司的化妝室裡補妝的女性，常常有人按照化妝的全部過程來做，撲白粉、畫眼線、畫眉毛、刷胭紅……等等，一直佔用鏡子。其實，除了在外面遇上大雨，全身淋濕，連化妝也被洗掉，或整天在充滿灰塵的倉庫中工作，否則並不需要全部重新上妝。

補妝通常都是檢查那些部分化妝脫落，只要在脫落部分添妝，修飾一下就足夠了。而一般容易脫妝的部分就是所謂「T型地帶」的額頭，和鼻樑附近。

還有雙眼皮的人做眼部化妝時，因為皮膚重疊之故，重疊部分很容易脫落；所謂「淚眼」的人，眼尾部分的化妝也很容易脫落。對於自己容易脫妝的部分加以注意，化妝脫落時很快地修補一下，就不必過度補妝了。

每當補妝時就把所有部分重新再化妝一次，結果會塗得太厚，變成濃豔的化妝。再說在化妝室大規模化妝，雖然是午休時間，還是不恰當的。

更衣室裡應該準備口紅和小型的化妝盒

應該沒有女性不願意讓別人看到自己美麗之處，所以女性都樂於化妝。不過也有所謂的「過分簡單派」，除了早上的化妝之外，白天連一次補妝也沒有。或許我的要求比較苛刻，不過認為補妝很麻煩的人，也可說是違反職業婦女的化妝原則。

例如，要端茶給顧客時，出現鼻樑的妝脫落，發出亮亮的反光；口紅脫落得稀薄且不均勻這樣一位女性，看到這副尊容的顧客心中會愉快嗎？接待顧客的人也會覺得很丟臉。其他需要因公事出差的情形也一樣。

為了避免這種失態，應該在公司的更衣室準備補妝用的口紅，和小型化妝盒。大部分的人把補妝用的化妝品放在上班時使用的皮包裡，一旦換了皮包就可能忘記帶出去，所以最好還是在更衣室裡準備最基本的補妝用品。

但是，如果像化妝品專櫃一般，擺了許多化妝品，恐怕會被人暗地裡譏嘲：這個人到辦公室好像只是來化妝的。

流汗的季節最好提早上班，在開始工作以前補妝一次

夏天搭乘熱得像蒸籠的公共汽車上班，等到好不容易到達公司時，難得的化妝也會因為流汗而脫落了。流汗的季節對化妝的女性而言，真是頭痛的季節。

汗是化妝的大敵，流了汗，妝就會脫落，連對改善粗糙皮膚、掩飾黑斑、雀斑很拿手的，或為妳化妝後，和原來的自己變成兩樣的美容師，也都感到棘手。

為了對付流汗使化妝脫落，夏季最好提早上班，在其他同事還沒上班以前，先把因汗脫落的妝重新整理，以輕鬆愉快的笑容和大家見面。現在的辦公室大都有冷氣，到那時，身體已經不熱了，應該不會再流汗，就不容易脫妝了。因此，每天提早十分鐘上班，先到辦公室，對於不習慣早起的人來說，不算是無理的要求。

早上提早出門，也不會遇上交通擁擠的情形，有充裕的時間，也可以選冷氣車搭乘，避免流汗而使妝脫落。

每天到公司之後，有充分時間補妝，心情較不急躁，工作起來也會感到舒服。

在別人面前補妝也違反化妝的原則

聽說某一公司，有一位被人稱為「公司之花」的美女，但是大家對這位美女的批評卻很不好。

由於她耽心化妝脫落，所以經常打開抽屜，偷照鏡子，不時拿面紙擦臉，又偷偷地撲粉，所以大家才有不好的批評。

不論怎樣耽心化妝脫落，在工作中照鏡子，就表示對工作缺乏幹勁，沒有資格擔任工作；而經常在別人面前補妝的人，也可以說沒有資格當女性。

化妝可以說是為了讓人看到第二張自己的臉，如果故意在別人面前顯露這種小秘密，就好比毫不在乎讓人看到自己穿著內衣的樣子，可以說她是毫無神經的人。

在別人面前拿出化妝盒補妝，不論動作多快，使人察覺不到，這種行為總是大大違反了化妝的禮節。

即使是因為耽心化妝脫落之故，也要避免這種行為，補妝時要讓別人感覺不到，這才是真正愛美的人。

早晨沒有時間化妝時，到公司後可假裝倒茶，趁機迅速完成化妝

早上睡懶覺而太晚起床，沒有時間化妝，又不敢遲到，也不敢不化妝而去上班，如果妳遇上這種難題要怎麼辦才好呢?當然最好不要這樣，早上還是有充分時間比較好，只是有時候連續幾天睡眠不足，難免會睡得太晚。

這時，應該先不化妝就上班。和大家打過招呼後，找個機會，假裝要倒茶，而很快地化好妝再出來，這是一個應付的辦法。工作時間內本來不允許去化妝，可是趁機化妝比起不化妝、沒精神的表情來工作還好。

話雖如此，要是躲在更衣室或化妝室，花費很多時間打扮，也會影響其他同事的工作。因此，這時的化妝，應該很快地撲上白粉，塗上口紅就好。不然以代替別人倒茶或泡茶的藉口，利用在燒開水的時候，迅速地化好妝，這也是職業婦女的機智。

當然，回到座位後，應該專心工作，比平日更加努力。

沒有時間化妝時，至少要塗上口紅

在前面的敍述中，我曾說早上睡太晚，沒有時間化妝，應該在到達公司後設法很快化好妝，但是有些公司，連早上也沒有這種多餘的時間，於是就不化妝，以平常的面目去工作，這對女性來說不是好的現象，因為沒有化妝的臉，就好像表示對工作毫無心理準備。早上就讓人看到這樣一張提不起精神的臉，既不禮貌，也令人感到不愉快。

即使只有一次沒化妝，也可能被人批評說：「這種沒規矩的女性怎麼能委以重責？」對自己很不利。

說起來好像很嚴格，可是大家對女性的看法幾乎都是如此。

那麼這時候妳又該如何呢？至少要塗上口紅。不管上班時多麼沒有時間，也要塗上口紅，無精打采的臉塗了口紅以後，就會顯得明朗而有生氣。

對化妝比較疏忽的男職員，都不太了解細節，因此，只要塗上口紅，大家會認為這個人已有化妝了。

在辦公室的香水味以別人猜測「她是否擦過香水」的程度即可

任何女性都會想體驗一次香香的打扮，但是在辦公室裡，使用香水也應該有相當的禮節。

在辦公室裡有香味的打扮，首先要稍微克制用量，噴灑太多香水，不但沒有達到愛美的目的，反而造成公害。

例如：辦公室裡有一位經常散發著強烈香水味的女性，周圍的人會受干擾，不能集中精神工作，甚至有些人不敢聞香水味，被迫聞香，心情當然不好。關於香水的打扮，和服裝及化妝有所不同，可說是眼睛看不到的一種愛美方式，香味若有若無，才能真正享受其中好處。因此，如果每天全身香噴噴的，好像對人暗示：「我今天也噴了香水呀！」而讓周圍的人覺得香味濃得嗆鼻，這特殊的打扮，反而得到反效果，那豈不冤枉！

每當和人擦肩而過時，使對方懷疑「這個人今天好像噴了香水」，香水噴到這種程度的香味，才是善用香水的人。

在辦公室以使用柑桔系香味的香水，比較有清爽的印象

香水的香味也是種類繁多，有人不知道到底選擇那一種香味才好。選自己喜愛的好嗎？只因香水的香味並非一人獨享，周圍的人都會聞到香味，所以在辦公室使用的香水，不應該以自己的偏好為優先考慮。

每個人對香味都各有好惡，因此，自己認為香味最好的，也有人覺得最討厭。動物系香味的香水，這種好惡各人極端不同的差異特別明顯，在辦公室最好不要使用，才是明智。植物系列的香水香味較一般化，但是太濃的香味也不適合辦公室的氣氛，因此，給人清爽印象的柑桔味最好。

使用香水最成問題的，就是噴灑後會變成什麼氣味，自己很難掌握，所以要聽取可信賴的人的意見，問她「這香味妳覺得如何？」才決定購買那一種香味的香水。

這表示關心香水對打扮的影響，也就是關心整體的打扮。

裝扮的基本常識

☆化妝想要巧妙，化妝工具也很重要

想成為善於化妝的人，必須使用適合自己的、好用的化妝工具。例如：刷腮紅用的刷子，本來是專為刷腮紅用而買的，可是並不只限於刷腮紅用，也可以用來塗眼影。廣泛地在眼皮上塗眼影時，使用較大的刷子比較方便，塗起來也比較漂亮；如果用小小的刷子拚命地來回塗好幾次，既浪費時間，又浪費力氣，效果也不佳。需要刷面積較廣的部分，就要用大的刷子，小刷子則塗小面積的，視實際情況的需要，分別使用不同的工具，才會事半功倍。

尤其是買眼影時，都附有成套的刷子或小刷棒，但是自己如果覺得使用不便，可以換別的，只要有人有小，各種用途的都有，自己使用方便的工具組成一套即可。

想要找到適合自己的化妝用具，應該到化妝品店去，仔細尋找。有人愛用國貨，有人偏愛舶來品，隨自己的習慣與方便就好。也有人使用棉花棒塗眼影，這也無妨，不過每使用一色就要丟掉，而顏色不會混雜，也很方便。

找到滿意的化妝用具，對化妝就會產生興趣，感到快樂，同時自然而然地提高化妝能力。

香水若要直接噴在皮膚上，就噴灑在體溫高的地方，如果要噴在衣服上，就噴灑在衣裳下方部分

別人雖然無法從肉眼觀察得知某人噴過香水，但是噴了香水，總會令人感到有一種優雅的氣氛，因此有些人會覺得工作起來很愉快，這也可以算是享受打扮的良好影響。但是噴香水並非噴在任何地方都可以，原則上是噴在體溫較高的部分，如胸部、膝後，耳朵下雖然體溫較低，可是因為接近對方的鼻子，所以能夠有效地讓對方聞到自己的香氣。噴過香水的皮膚照射到陽光時，會因為紫外線的作用，有時皮膚上會產生斑點，因此，要特別小心紫外線照射。

香水如果要噴在衣服上，最好噴在裙邊，或上衣下襬等，儘量噴在下面的部分，因為香氣都是由下往上發散，故噴在下面，較能享受長時間的香氣。噴在衣服上，有時衣服也會產生斑點，應該特別注意。

香水的香味大概會持續五、六小時，要是花露水則最多只能持續一小時。

因工作繁雜使氣氛不愉快時，噴灑香水可改變氣氛

愛好香水的人，很意外地可以轉變氣氛，例如，下班後打算去那裡玩，或者直接回家，只要聞一聞香氣，就覺得心情愉快，可以消除工作後的疲勞。

尤其工作時碰到令人討厭的事情，在準備回家時，不妨拿出香水噴灑在身上；工作不順利，人際關係不佳，心情感到不愉快時，最好不要把在公司產生的灰暗氣氛帶回家裡，這時香水就能發揮功效，噴了香水可以改變心情，下班時腳步也變得輕快。

出差住宿在外，不習慣飯店的枕頭，睡不著覺時，造成睡眠不足，第二天的工作會受影響，這時若在枕頭上灑一些香水，心情就會好轉，容易入睡。

洗過的內衣要收入衣櫃時，噴上一些花露水，第二天拿出來穿，聞起來很香，伴著香味會愉快地開始一天的工作。

選擇配合制服的眼鏡，也是職業婦女打扮的重點

到外國旅行時，當看到戴眼鏡，又身掛另一副眼鏡的觀光客，幾乎都可以認定他是日本人，因為日本人不論男女，都有很多近視而戴眼鏡的人。不過女性配戴眼鏡的人比較少，幾乎都是採用隱形眼鏡。

年輕女性通常都討厭戴眼鏡，大概是覺得不好看的緣故。戴眼鏡雖然不太好看，可是規定穿制服的公司，反而戴著眼鏡的人顯得比較有個性。制服不便於搭配太多的飾物，而戴眼鏡卻比別人多出一件打扮的小道具。

基於這點考慮，選擇眼鏡時不要只選擇適合自己臉型的眼鏡，而應該配合制服來決定眼鏡的樣式和顏色。

準備幾種眼鏡，分別在穿制服和穿便服時搭配，這也可以改變氣氛。眼鏡是近視的人獨特的打扮方式，在辦公室的裝扮飾物中，沒有眼鏡是不夠的。

眼鏡是化妝的一部分

過去有很多男性選擇結婚對象時，不喜歡戴眼鏡的女性，最近還會挑剔女性戴眼鏡的就比較少了。

以前就業時戴眼鏡的女性比較不利，可是現在除了空中小姐以外，戴眼鏡而吃虧的情形減少了，社會上也增加不少眼鏡美人。

想要成為眼鏡美人，就該以眼鏡也是化妝的一部分的觀念來化妝。例如，眼鏡的鏡框太粗太大，或是紅色太深，連帶地使口紅看起來很鮮豔，在辦公室時就覺得有些刺眼。不考慮到眼鏡顏色和膚色，以及口紅和眼影的顏色調和，看起來會顯得很奇怪，而基本上只要以眼影顏色為考慮因素即可。

配戴度數很深的眼鏡，透過鏡片眼睛難免會變小，這種人在畫眼線時，最好稍微注意眼線輪廓，畫方一些。

選擇眼鏡時，要注意眉毛和眼鏡框的均衡感

有一年輕女性曾經對我說，因為她有深度近視，所以不得不配眼鏡，她經常想選擇最適合自己的鏡框，但實際上在選擇時，自己無法判斷到底那一種好，因為選鏡框之時，大都不附鏡片，所以看不清楚鏡中自己戴上眼鏡的臉。在這種情形下，鏡框是否合適就要依賴別人來判斷。

選眼鏡時想要選對鏡框款式的要領之一是：

應該注意鏡框和眉毛的關係，例如：太粗和太黑的鏡框戴上後，鏡框和眉毛會重疊著，眉毛看起來更粗，顯得很奇怪，有時看起來好像是眉毛上下兩條並列；不過如果是很細的眉毛，戴上粗黑的鏡框，兩者就能對稱。

總之，要考慮到鏡框是否和眉毛相稱，這是挑選眼鏡的基本條件。

戴太陽眼鏡時，眼影的顏色要和鏡片同色

夏日陽光強烈，上下班或外出時，有些人可能會戴太陽眼鏡，但是要戴太陽眼鏡時，如果不了解一些化妝的秘訣，可能會有料想不到的失敗。

要知道不管原來眼影的顏色如何好看，或是多適合自己，一旦透過太陽眼鏡來看，可能會意外地變成另一種顏色，變成好看的顏色當然不要緊，怕的是變成更難看的顏色。

要預防這種變化，就要小心選擇兩者的顏色。如果鏡片的顏色是咖啡色，眼影選擇和鏡片同色系的顏色，就不必耽心會變成另一種顏色，也不會因為同色而失去眼影的效果，透過鏡片看到的妳的臉，看起來一樣可愛。

如果妳還是耽心顏色有所變化，就對鏡確定一下。

我們常聽到有人因為沒有時間化妝，就利用太陽眼鏡來掩飾，這種做法可以說沒有愛美的觀念。

即使在私人場所，也應該有任何時候拿下太陽眼鏡都沒有關係的準備，這才是女性應有的化妝態度。

☆受損頭髮的整理方法

如果頭髮缺少光澤又很散亂，即使皮膚非常美麗，看來仍然缺少濕潤感，外表就比較吃虧。受損的枯乾頭髮，碰觸到皮膚也會吸收皮膚所有的油脂，使皮膚變得乾燥。

因此，分叉和受損的頭髮應該及早整理。首先，分叉的頭髮因為沒有恢復原狀的希望，所以要從分叉處上面一、二公分的地方剪除。可是分叉過的頭髮已經呈易分裂的狀態，為了不使它繼續分叉，需要使用人工的角質保護膜來保養，也就是要借助護髮劑來保護頭髮。擦護髮劑時，毛髮的尾端尤其要多擦，保護髮端不受到外界的刺激。

由於沒有產生毛脂，在碰上紫外線或吹風機的熱風時，受損的頭髮也不能完全恢復原來健康的頭髮，不過可以使它恢復接近原本溫和的感覺，或有光澤的狀態。

保護頭髮最好擦上護髮劑，或者使用可以增加頭髮所需的水分和油脂的髮霜，同時也要儘量脫離會使頭髮變壞的因素，也就是儘量避免紫外線的照射、避免使用強烈熱度的吹風機吹風和燙髮劑，使頭髮有休養生息的機會。

第四章

頭髮的打扮學

在辦公室裡留長髮不如短髮給人好感

過去一段時期，所謂波浪狀的頭髮在女大學生中很流行，各公司的新進人員中，也有顯著的這種傾向。

男性對這種波浪狀髮型的看法是——二十多歲到三十多歲的男性，大部分都認為沒個性，而有的認為趕流行的女性，其腦袋空空的，批評相當不好；但是四十歲以後的人卻認為很可愛，而意外寬容的人也很多。

那麼到底那一種髮型在辦公室裡會給人好感？這倒不能一概而論，不過至少要具備下列三條件：一、不散亂；二、適合活動性；三、健康，看來更加開朗。

以這三條件來看，留長髮在辦公時不如短髮來得適合，雖然如此，也不表示留長髮完全不行，長頭髮如果合乎以上三條件，也就無妨。

不過短頭髮梳理容易，也可以有意無意地小部分跟隨流行，而且短頭髮比較容易表現個性，也比較合乎辦公室的打扮氣氛。

想使別人看到妳穿制服的模樣很清爽，就保持短髮

有些年輕女性常問我說，在辦公室到底留長髮或短髮好呢？我認為這沒有一定的答案，不過短髮應該比較理想，尤其是必須穿制服的公司，還是短髮適合。

因為一般而言，制服的設計大都是樸素的，穿著這種樸素的制服時，要是頭髮所佔的比例太大，使頭髮部分特別顯著，這對於整個外表來說，看起來不協調。

我國人通常臉較大，頭髮也多，所以頭看起來很大，如果再留長髮，會更強調這種缺點，而短髮使頭部看起來較小，和全身才能保持均衡，穿上制服顯得清爽，也給人敏捷的印象。

再說制服每天要穿，所以要儘量保持清潔，但是長髮容易弄髒後衣領，因此若想成為制服美人，最好留短髮。

留長髮要注意不要令人看了覺得很沈重

最近空中小姐留長髮的人也很多，但是不管現在髮型可以多自由，最初有些航空公司都嚴格規定，在訓練期間要求大家頭髮剪短，統一成同樣的髮型，因為長頭髮較缺乏機動性，尤其是服務顧客的飲食時，長髮垂下來有不潔感。又為了讓新進的，還不習慣於工作的空中小姐不必耽心頭髮，因此，公司才如此規定吧！

不只限於空中小姐，連各辦公地方，一般也都不太歡迎長頭髮的人，因為長頭髮在鞠躬時容易垂到前面，工作時也容易散亂，這都有礙工作。

雖然如此，認為自己的臉型適合留長髮的人，也可以留長髮，只是不要忘記整理好頭髮，以免妨礙工作。

此外，不要令人看起來有沈重感，在辦公室敏捷的活動姿態看來較美，長頭髮給人的印象就比較沈重，所以要經常整理得整齊美麗，別人看了才覺得舒服。

髮型要考慮整理問題後才做決定

可能也有人在早上不管怎麼做，頭髮還是整理不好，心裡感到著急，幾乎要哭出來。對職業婦女而言，早晨的時間非常寶貴，因此，為了能夠迅速修飾好儀容，以愉快的心情開始一天的工作，髮型還是以自己容易整理的為理想。

選擇髮型時，是否適合自己，是否適合工作性質，又是否方便自己整理，都是重要的考慮因素。到美容院請人做頭髮時，雖然做得很漂亮，遺憾的是自己卻無法整理得好，所以，還是不要採用這種髮型比較好。因爲事後的整理，自己不能做得好，不管髮型如何好看也沒有用的。

上下班需要花很多時間，或下班後還學習許多事，這種時間不多的人，以選擇洗頭髮後不必花太多時間整理的髮型，較為輕鬆省事，切合實際。

頭髮每天都要整理，所以還是避免做會增加負擔的髮型，否則上班前的打扮會覺得很痛苦。

若要以頭髮遮住額頭，不如稍微露出額頭，看來較有智慧

指導年輕女性髮型的機會較多的某位髮型設計師說，最近的年輕女性不知為何，都討厭露出前額，而指導髮型的人都要先看看那人臉的原型，然後再設計出最適合的髮型，但想要把對方的前髮撥開，看看額頭時，其中十有八九都會說很不好意思，而用手蓋住額頭。可是仔細看她們的前額，並非是難看而不得不遮掩，卻是很漂亮的額頭，然而她們就是討厭被人看到額頭。

為何大家都不喜歡露出額頭來，理由我雖然不太清楚，可是我認為在辦公室還是儘量露出額頭好，因為額頭可以使人有明朗和智慧的感覺，因此，露出額頭可以造成妳是有智慧的女性的印象。

如果無論如何都不想露出額頭，至少稍微分開瀏海，露出一部分讓人看得到。

不但是前額，甚至連眉毛也蓋住的瀏海，會使人看來表情沈重，影響到辦公室同事對妳印象的偏差。

過分趕流行，或完全不重視流行，在辦公室都不受歡迎

過去一時很流行的波浪式髮型，如今幾乎已成為年輕女性的固定髮型。從十五、六歲到二十四、五歲的年輕女性，有八成都是波浪式髮型，從這現象看來，對於非波浪式髮型缺乏好感的男性好像增多了。

不侷限於波浪髮型，而繼續接受流行新髮型的女性，在辦公室不太會受歡迎，只基於流行或大家都如此的理由，就決定髮型的女性，等於表示自己無法決定自己的髮型，因此，公司方面也不敢把重要工作委託給這種女性去做。

當然，並非憑著髮型就可以決定一個人的評價，可是在辦公室裡趕流行不太適當也是事實。雖然如此，對流行不敏感，不加打扮，也是職業婦女不該有的態度。

髮型和一切打扮都有關係，所以能配合辦公室的氣氛，局部性地採納流行，打扮得符合自己的個性，才真正是善於打扮的人。

在辦公室裡長度及肩的頭髮最美麗動人

任何女性都會羨慕美麗的頭髮，頭髮美麗的條件是：頭髮本身必須有光澤，同時頭髮的型態優美，柔順，動作時會流露溫柔感的，才是美麗的頭髮。

在電視廣告裡，我們常常看到留著長髮的女性，頭髮被風吹起，顯得非常飄逸、柔美，不過假如有人想模仿她，要先考慮風吹的程度。

拍攝電視廣告時，要使長髮美麗地飄動，必須先計算人造風的強度，相當辛苦，而辦公室因為開冷氣，經常關閉門窗，在接近無風的狀態中，妳的長髮絕不會飛揚起來。髮長過肩，每當活動時，反而只會增加散亂之感，而且肩膀和背部都被頭髮遮住，看不到妳溫柔的動作，這樣不但不美麗，反而顯得不清潔。

在辦公室裡如果想誇耀美麗的頭髮，最好只留到及肩的長度，這樣既不會妨礙肩膀的活動，每當活動時，輕柔的頭髮也會沙沙地流動，顯得非常美麗動人。

工作中應該把頭髮紮起來

頭髮整理成美麗的髮型是女性的魅力之一，但就如前面說過的一樣，對工作有所妨礙的頭髮，不管髮型如何美麗，也不能算是美麗的頭髮。長頭髮或半長頭髮的人，在工作中會垂落下來的部分應該束起來。但，如果只是以髮夾隨便夾起，或是只以橡皮筋把頭髮束起來，還是缺少一股女性的氣質。

在辦公室機動性做事當然很重要，但是，再加上愛美的心，才算是善於打扮的人。例如，用橡皮筋將黑頭髮綁起來時，應該在橡皮筋上再增加一點裝飾，變成像樣的髮型。如果頭髮太長，也可以把頭髮分成三股編成辮子，垂在背後，這是一種方法，或者用玳瑁製的梳子，或用髮帶來整理和裝飾頭髮，也是像樣的辦公室打扮。

但是太閃亮、太華麗和過分醒目的髮飾，並不適合在工作場所使用。工作中什麼時候會遇上什麼事、什麼人，有時無法預料，因此要經常注意自己的外表，做最自然的打扮。

瀏海很長的人，在工作中要防止它垂下遮住視線

對辦公的女性來說，最令人耽心的就是前髮，稍微過長，就會往前垂下，很煩人，前面已經說過，這時應該用梳子綰住，或用髮帶束起來。

也可以在上班前整理儀容時，使用吹風機吹出髮型，把前面的瀏海往側面梳，使它不會垂到前面，或者把髮端剪短也可以。這樣就不必耽心使用髮夾夾起，會使髮型變型。當然這時只要整理到前髮不會垂下的程度就可以了。

不論如何，注意整理頭髮，使其不妨礙到工作是理所當然的事。但要求嚴格一點，與其到了公司才發覺頭髮太長了，再用髮夾夾住，不如事先在家中就整理好髮型和頭髮的長度，使它不妨礙工作，這才是職業婦女基本的生活自律。

對於這種情形，也許有人會認為沒有打扮的自由，但實際上以男性為例，不論如何適合穿紅色外套的男性，他們上班時絕對不會穿著紅色的上衣，而大部分都穿藍色衣服來上班，和他們一樣的，公司希望有公司的制度。

長頭髮的人上下班時，在車上要注意頭髮

女性的頭髮受到男性不艮批評的一件事，就是上下班時在車上的問題。在擁擠的車中，站在自己面前的女性，只要稍一不小心，她的頭髮有時會掃到別人的臉，我想碰上這種情形的男性可能不少。

即使是剛洗過的、清潔的頭髮，臉被拂掃到的人心裡仍然不痛快。甚至有人耽心被對方的頭髮拂到，因此，伸出手想遮擋，卻使對方女性誤以為他有任何的性騷擾舉動，就用奇怪的眼光瞪著他，這種情形也常有所聞。

不論是多麼美麗的頭髮，如果擾亂到別人，基本上已經是沒資格打扮了，而絕不是一件詩意的事。站在男性被害者的立場來看，留著一頭容易擾亂別人的長頭髮，搭上擁擠公車的女性，好像是沒神經知覺的人。

可是像這種問題，女性本身竟然意外地沒察覺到。所以長頭髮的人應該特別注意，如果考慮不到這一點，到了辦公室也會在不知不覺中擾亂到別人，偶會讓人瞧不起的。

捲髮應該好好整理，否則容易覺得很散亂

燙捲的頭髮洗過以後，不必費心整理，修飾也很簡單方便，因此，職業婦女有不少人喜歡這種髮型。可是在穿制服的工作場所，捲頭髮的人看起來有特殊之感，所以，如果要燙成捲髮以前，最好先考慮工作場所的氣氛。

對於捲髮的整理，應當不是洗過以後，就隨便不加以整理，如果要保持美麗的捲曲，就要細心整理。這種髮型在捲燙時比較用力，容易使頭髮末梢受傷，也容易分叉，因此，必須定期剪短，經常保持頭髮新生的狀態。

還有捲髮在睡覺時容易變型，所以最好早上洗一次頭髮，洗過後抹上護髮霜，捲曲部分就齊整，頭髮也會產生光澤，這樣才能使捲髮的髮型看起來美麗動人。

還有一點必須注意的是，黑人頭的髮型本身表現強烈性格，因此，要有適合黑人頭的打扮，如果不加以打扮，不錯的髮型，看來只不過是一團亂七八糟的頭髮罷了。

不論頭髮做得如何漂亮，太大型的髮型不適合上班

參加朋友婚禮的第二天，做得很漂亮的髮型立刻要改變，就感到可惜，於是保持原髮型上班，結果一整天心情都不安穩，妳是否有這種經驗呢？

和平常的髮型不同，就是工作情緒不穩定的原因，同時因為髮型太華麗，不適合辦公室的氣氛，所以才如此。

在辦公室的髮型特別要注意的，就是太華麗的髮型和太大的波浪型，凡是過分強調頭髮很多的髮型都應避免。

表現頭髮的豐富，就可以強調女性華貴的氣質，這種髮型也許在參加舞會或和情人約會時適合，的確可以表現妳的魅力；可是這種髮型轉移到辦公室就不算是魅力了，反而有「不適合場面」的感覺，對自己有所不利。

不論多麼漂亮的髮型，有些在辦公室是不受歡迎的，如果不注意，有時可能被人誤解：「這個人晚上可能在兼什麼差」，而自己吃了悶虧卻還不曉得是頭髮惹出的禍。

時間不夠時也要把髮線分清楚

有人因為太忙，沒有時間顧及到外表，連頭髮都很散亂，這時最令人頭痛的，就是必須接待客戶的場面。

慌慌張張跑到更衣室，拿起梳子梳一梳，不想讓人看到這副亂七八糟的模樣，因為一時過分慌張，結果愈做愈難看。應付這種臨時場面的方法之一是，只要把頭髮分線的地方清清楚楚分好就可以。

頭髮的分線，如果歪了或太零亂，看起來就覺得頭髮很亂；反之，只要把這分別線分得又直又清楚，看起來就很整齊。

我們聽到有人說男性的髮型，都是一定的髮型。同樣的道理，女性的髮型分線是否很清楚，用眼睛就可以明顯地看出來，而分線整齊是保持髮型不亂的重要秘訣，這個秘訣應用很廣，牢記在心，在其他方面也會有所裨益。

若要經常保持美麗的髮型，必須保持頭髮的清潔

某位女性評論家，曾經這樣寫過，她說她有一個朋友頭髮很漂亮，好像是埃及豔后克麗奧佩脫拉般的頭髮，而不管何時見到她，頭髮都很有光澤，每當頭一擺動，秀髮就會沙沙地波動，使人看到美麗的頭髮溫柔地動作，為什麼她的頭髮會這麼美麗？她就問她的朋友其中的秘訣，結果她回答說：

「每次洗頭髮時，要仔仔細細地洗，好像每一根頭髮都洗到一樣，這就可以了。」

經常保持頭髮的清潔，並不限於職業婦女，而是每個人都應該如此做。若想經常保持整齊美麗的髮型，平日就要細心洗頭髮，保持頭髮的清潔，相信女性都體會過，洗過的頭髮和開始骯髒的頭髮，雖然同樣地修飾，可是它們的柔順度有相當的差別。因此，假如可以做到，應該每天洗一次頭髮。

有人說每天洗頭髮，會傷害頭髮，那是因為洗頭時不只洗掉污穢，連頭髮的水分、油分也都洗去之故，然而失去的水分和油分，只要擦上髮油就可以，不必擔心頭髮會受到傷害。

洗頭髮至少要三天洗一次

常有不少人問：「到底頭髮是每天洗好，還是三天洗一次比較好？」這雖然有個人差異，但我認為職業婦女最少三天就要洗一次。因為頭髮的髮味大概在洗過後第三天才會出現，這是有科學證明的。

如果要在聞得出味道以前清洗，就要兩天或三天洗一次，不過這只是大概的標準而已，有時候必須每天洗頭髮才行。

髮質的油脂較多的人，或是運動量多、流汗多的人，最好每天洗頭。例如，因工作工關係，外出機會很多的人，或是容易流汗的人，皮脂分泌旺盛，流汗量也比常人多幾倍，相反的，不太走動的人，或是體質上頭皮比較容易乾燥的人。或許三天洗一次就可以。

頭髮骯髒，更容易附著髒物，對職業婦女而言，清潔感是極為重要的條件，所以應該勤於洗頭，千萬不要在頭皮上留下骯髒污穢的東西。

連續幾天不能洗頭髮時，利用生髮香水擦頭皮

因為工作繁重，連續幾天都很晚才回到家時，連洗頭時間也沒有，這時難免會耽心頭髮骯髒，卻不能洗，而且頭髮太髒，自己覺得不舒服，心情也不愉快。

應付沒辦法洗頭髮的對策是：先用紗布包起梳子，仔細梳頭髮，再用棉花沾上生髮香水，擦一擦頭皮，就可以去除汚穢。

由於生髮香水有清涼感，心情也會爽快起來。

不過有的生髮香水香氣強烈，如果跟髒頭髮的髮臭混合起來，有時反而令人聞了覺得不快，所以最好使用艮質、香味清淡的，或自己喜愛的香味的生髮香水。

想要消除因汚穢產生的臭味，必須仔細梳幾次，不只早晚兩次，一天中應該梳好幾次。

頭髮發出臭味的原因之一是通風不艮，用刷子刷過以後，新鮮的空氣進入頭髮中，骯髒的空氣被趕出來，所以就不覺得頭髮臭了。

吹風時應該每一處頭髮都完全吹到

改變髮型可以轉變心情，這是大家都知道的事，還有人藉著這種方法為單調的女職員生活增加變化，這也是打扮的一種巧妙利用方法。

但是，改變髮型並不需要每次都上美容院，洗過頭後或上班之前，稍微改變頭髮的梳捲方向或分線，也可以增加髮型的變化。

整髮的吹風，有人認為自己很不容易做好。

這種人大概在吹頭髮時，想要往右吹，吹了不久就從後吹，然後覺得手累了，就換手再吹吹別處，吹的部分經常換來換去，當然就不能吹得很順利，因為沒有完全吹乾就換吹別處，頭髮會回復到沒吹以前的狀態。

吹風最好的做法是先把一部分頭髮完全吹好後，才移到其他部分，例如，把頭髮分成兩部分，先把上半部的頭髮夾住，由下面的頭髮開始吹，吹到頭髮的動向紋路到達最好的狀態後，才開始吹上部，同樣地完全吹好為止。

以這種方法，相信任何人都可以吹好才對。

裝扮的基本常識

☆頭皮屑多的人要特別小心梳頭髮

頭皮有乾性和油性之分。乾性頭皮是因為頭皮的新陳代謝不良，舊角質皮及汚垢留在頭皮上，這就是乾性頭皮，尤其是指頭皮成為乾燥狀態的東西。油性頭皮是由於皮脂分泌異常，頭皮上覆蓋著必要以上的脂分，使舊角質不容易脫落，那些角質和油脂混合在一起，黏黏地留在頭皮上。這兩種頭皮的起因，如果不是由於疾病性引起，就是每天的整理做得不夠。

乾性頭皮的人每天早晚用硬一點的梳子，充分梳幾次，以刺激頭皮，目的是要除去不用的角質，也就是汚垢。頭皮屑和身上產生的汚垢不同，毛髮會阻礙新陳代謝，使汚垢變成頭皮屑，留在頭髮中。

不會產生頭皮屑的人，只要洗一洗，就可以洗去汚穢，而新陳代謝不好的人，不管怎麼洗，都會產生頭皮屑，所以要用梳子梳頭髮，每天在洗頭以前，特別仔細地梳。

洗頭髮最好每天洗一次，但同時要按摩頭皮，使血液循環良好。如果有乾性頭皮屑的人。頭皮就會乾燥，所以要用護髮霜擦在頭皮上，保護頭皮。

男性最多油性頭皮屑，這就要先去除脂分，每天洗一次頭髮，不要讓脂分留在頭皮上。

擔心頭髮太長，比平常更用力捲起髮梢就好

頭髮過長了，可是由於工作忙碌，不得不等幾天再剪；或者因為經濟問題，缺乏充分金錢常上美容院，不能妥善整理頭髮。但是上班時頭髮太長，難以整理，工作時也會耽心人家看到這散亂的頭髮，覺得太不像樣。

這種情形之下，就要考慮改變吹風的方法。髮尾直直的人，只要在髮梢用力捲幾下就好。因此，不要使用平時使用的梳子，而使用圓筒狀的梳子來吹風，就可以輕鬆地吹好頭髮。這方法是只把過長的部分捲起吹一下，使人看起來的長度好像是剪掉一些，只要這樣，看起來就很清爽。

不用吹風，而用髮捲捲起來也可以。這個方法比吹風的方法需要更多時間，但是捲好後不容易變直，又可以捲成比較短的頭髮。

燙過的頭髮，經過很久還沒有再燙，頭髮比較不捲時，也可以用這種方法來整理。

雨天如在髮根抹一些泡沫膠，頭髮比較不會亂

早上就開始下雨，或梅雨季節濕氣重時，心情難免也會煩悶，尤其女性還要耽心髮型問題，不管離開家時頭髮整理得多好看，到了公司後，髮型都走樣了，這情形，怎麽不教人感到氣結！

下雨天時頭髮會緊貼不蓬鬆的原因，是頭髮中含有太多水分。但是真的無法防止這種情形嗎？不！只要稍微知道一點兒秘訣，就可以保持美麗的髮型。

這秘訣就是早上在整理頭髮時，在髮根塗上一些泡沫膠。泡沫膠不需要塗在全部的頭髮上，只擦在髮根處就可以了，塗過後再整理，擦過泡沫膠的根部就會挺豎著，頭髮就不會凹貼下去，可以長時間維持原來的髮型。

下雨天的早上，更需要以良好的心情去工作，因此，碰到下雨天為頭髮煩惱時，不妨試試這一方法。

在公司的盥洗室梳完頭髮後，一定要收拾掉落的頭髮

我們常看到午間休息時，很多女職員站在公司化妝室的鏡子前，努力梳頭髮的景象。像這樣把頭髮梳理得很好本來是好事，可是有些人離開時，都忘記好好收拾掉落的頭髮。

整理過頭髮後，應該先看看有沒有頭髮掉在裡面，同時也要注意下面是否有掉下頭髮。這本來是打扮之前應有的常識，可是竟然有不少人忘記，以致弄髒洗手檯。

尤其是白瓷的洗臉盆，如果塞住很多頭髮，看起來更不清潔，令人不愉快。如果被顧客看到這種場面，一定會認為「這公司的女職員實在太沒規矩」，甚至會影響到顧客對公司原來良好的印象。

多數人共同使用物品的場所，應該特別注意清潔，如果不慎弄髒，事後一定要處理，這才是社會人士應有的禮儀和常識。

擔心煙臭附留在頭髮上，就要常常梳頭

任何工作場所、一定會有一兩個癮君子，坐在他們附近的人會耽心吸到他們噴出的煙味，雖然覺得很難受，可是又不好意思要求他們禁煙，因此，不得不強加忍受。

有關抽煙的害處衆說紛紜，但是從愛美方面來說，最耽心的就是附留在頭髮上，令人討厭的煙臭味。

附在頭髮上的煙臭，除了洗掉以外，別無他法，但是在辦公室裡不能洗頭，唯一變通的辦法就是在公司裡經常梳頭髮。

前面也說過，梳了頭髮，頭髮中可以進入新鮮的空氣，通風狀況良好，就可以趕出藏在頭髮中的煙臭味。除了午休時間之外，假如能利用上廁所的時間，順便刷幾下頭髮，就可以避免頭髮帶有煙臭味。

爲頭髮散亂而感到苦惱的人，特別容易留下煙臭味，因此，要格外地注意頭髮的整理。

上美容院的時間，最好有計劃地列出一張表

頭髮髒了或髮型失去原樣了，必須上美容院整理才行——這些事如果事先有計劃安排，列成一張表，就不會因為和朋友出去玩或其他事耽誤，而忘記上美容院。尤其必須連續幾天加班時，更不容易找出時間上美容院。

頭髮生長速度快的人，一個月大約長一•五公分，平均大約是一•二公分，所以剪成短頭髮，想要經常保持適合自己的美麗髮型時，必須一個月到美容院整理一次。

如果頭髮燙起來，雖然由於髮型不同而間隔時間也不同，但是應該兩個月一次，稍微燙一下，在每次燙髮的間隔中，剪一次頭髮，就覺得很輕鬆。

換句話說，燙和剪都一樣，一個月上一次美容院比較好。然而忙碌的職業婦女不容易遵守時間，如果事先將幾個月內預定上美容院的日期列成表，藉著這張表提醒自己，就不會因為太忙碌，以致忘了上美容院。

愈忙碌愈需要規定充分的時間上美容院

工作忙碌時，心情難免也會急躁起來，上了美容院也容易這麼說：「我沒有太多時間，請妳簡單地快點做好。」

美容師是專家，如果顧客趕時間，當然會配合實際狀況，為顧客服務，但事實上，在美容院裡拜託他們匆匆忙忙整理好，對自己並非是有利之事。

因為時間如果太匆促，工作做得不充分，例如，剪頭髮，只剪一次就說好了，本來應該要再慢慢修剪一次才對。當然也有人做得又快又好，但是不給美容師充分的時間為妳整理頭髮，結果是自己吃虧！

也有人為了節省洗頭髮的時間，先在家洗一洗，才上美容院，但是頭髮乾的狀態由於髮質的關係，可能會造成阻礙，對修剪技術不能苛求，所以，還是在美容院讓人仔細地洗頭再修剪。

美容院對女性而言，是改變外表、轉變氣氛的地方，愈是忙碌，愈需要有充分的時間上美容院，這樣才有更多的精力投注到工作上。

因工作感到心情煩悶，到美容院洗頭就可以改變心情

有一位身居公司要職的女性對我說，她們在工作上幾乎需要發揮和男人一樣的才幹，容易造成壓力，而使心情煩悶。這時她都一定先到美容院洗頭。

洗髮和頭部按摩一樣，心情會很好，等到做好頭髮時，身心都好像被洗滌過一般，感到非常舒服。雖然不像這位女性一樣擔任要職，可是只要有工作，任何人都會有心理壓力，所以也可以像她一樣，利用上美容院來改變氣氛，這個方法值得參考。一小時以後，離開美容院時，煩悶的心情一定會一掃而光，心情再度輕快起來。

最近為了公事需要出差的女性愈來愈多，出差時，如果稍有空閑，也可以考慮上美容院來解除壓力，相信出差的疲勞一定會輕易消失，心情變得輕鬆。

只是洗頭髮而已，對於第一次去的美容院也可以放心，而和美容師聊天，談談當地的風土民情，也是很快樂的事。

想要享受美麗的髮型，在私底下可以用噴霧式染髮劑噴頭髮

公司的種類很多，如果任職於有關流行服飾的公司，公司對女性的打扮應該有相當的自由。其實說自由，不如說是因為公司的女員工對流行感受力太遲鈍，或者穿著打扮不時髦，人們對公司本身會有所懷疑，所以女員工需要化妝得適合擔任公司工作的模樣。

但是，在這種公司，若只是為了髮型的流行，就把頭髮染成許多色彩，那就太過分了，因為染色可說是一種遊戲，在工作場所就不太恰當了。

話雖如此，但是參加舞會時，難免要打扮得華麗，所以大家都會想特別裝扮一番，使別人嚇了一跳，這時可以用一種很快就洗去色彩的染髮劑。

在工作完畢後，可以利用這種染髮劑將頭髮染成粉紅色，或金黃色等許多種顏色，而使妳搖身一變。

舞會結束後，馬上把髮上的顏色洗掉，回復原來的模樣，第二天早上裝出不曾發生過任何事情的表情去上班。這樣既可以嘗試各種流行新貌，又不必因為頭髮染色不適合上班而頭痛了。

留著太長的瀏海，眼睛從髮下往上吊看人的模樣並不可愛

近來常常看到不少年輕女性在和別人談話時，露出好像由下往上看人吊高的眼睛。有這種情形的人，都是把前瀏海留至眼旁，想表示自己的眼睛很大，但是看到的人都會為她耽心，耽心頭髮刺到眼睛。

這種留著長長的瀏海，露出吊高看人的眼睛，以強調可愛特質的女演員照片最常看到。也許大家以為模仿她們這種表情，自己的眼睛就會變大，看起來較可愛。可是這種表情如果想在辦公室令人覺得可愛，那是很大的錯誤。

在辦公室的氣質應該不以可愛為主，必須採用能夠好好工作的打扮。和人說話時，從正面看著對方的臉，才能傳達自己的幹勁給對方，所以從下面抬高眼睛看人，會被人懷疑妳的工作態度，因而吃虧。

幾乎要刺到眼睛的長瀏海應該剪短，使得能平視對方，這種姿態才是職業婦女的魅力表現。

第五章　皮膚的化妝學

美麗的皮膚可以顯示一個人的生活狀況

粗糙的皮膚對女性來說，可能是很大的苦惱，而且皮膚太粗糙也不好化妝，還容易給人疲勞的印象。對這種粗糙的皮膚，男性也格外敏感，在辦公室看到皮膚粗糙的女性，難免會有損對這位女性的良好印象。

年輕的健康女性，其皮膚通常應該是有光澤、又細膩，看起來很美麗。可是有人會說：「我不論如何按摩和撲粉，皮膚也不漂亮。」因而大感苦惱。

相反的，有人雖然實際年齡不很年輕，可是因為皮膚很美，所以看起來年輕十歲，甚至二十歲。

為何會有如此大的差異呢？皮膚可以表現出一個人的健康狀態，和日常的生活情況。例如，睡眠不足、偏食、生活不規律、心理狀態，一切因素都會影響到皮膚，所以皮膚可以顯示一個人的生活狀況。

由此我們了解到，粗糙的皮膚不只是皮膚本身的問題。

為了皮膚和工作，應儘量過規律的生活

「我昨天和朋友去喝酒，喝到凌晨兩點。」或是「昨天晚上我因為看電視看得太晚，所以今天早上很想睡覺。」類似這樣的對話，我們常可在辦公室內或公共汽車上聽到。最近好像很多人都已經忘記「早睡早起」這句話，因為晚上很晚睡覺，以致於生活不規律的人很多。

為了皮膚著想，必須注意睡眠時間和飲食習慣，每天規律地生活。睡眠不足是大家都知道會影響皮膚的原因。

睡眠時間長短一般都認為以八小時為理想，但必要的睡眠時間也有個人差異。有的人六小時就足夠，有的人不睡足十小時，第二天就很不舒服，所以不能一概而論。但是睡眠如果不夠，第二天早上的皮膚狀態就會粗糙，失去光澤，甚至眼睛會凹陷，眼睛下產生黑眼圈，會有不容易化妝的不良影響。

這種睡眠不足的狀態，對工作也很不利。為了皮膚，也為了工作，睡眠充足是很重要的。

想要維護美麗的皮膚，必須保持三餐均衡

不久以前，「拒食症」造成話題。拒食症是由於勉強限制飲食，結果不能充分攝取食物，變成過分消瘦，終會因營養失調而死去的一種可怕疾病。

柯蓮•卡本特因為拒食症而死亡，她在死亡之前的臉萎縮得好像老太婆一般，相信記得這件事的人應該很多。

雖然有這樣的例子，可是年輕女性的節食熱情並未稍減。女性憧憬有著美好的體態，這是理所當然的，但是為了減肥而不吃東西，不但不能苗條，反而傷害健康。

因為工作忙碌，或是正在減肥，而不好好飲食，會使皮膚變得粗糙，也會傷及腸胃，非常划不來。

為了保持皮膚美麗，原則上，飲食要一天三餐，還要保持營養均衡。為了美容，就只吃水果和蔬菜，或相反地吃了過量的多脂肪食物，有時就成為便秘和傷害胃腸的原因。

便秘時就會因為皮膚粗糙，或排泄不良的問題感到苦惱，因此，職業婦女還是應該多注意飲食。

想經常保持動人的皮膚，不論多忙都要吃早餐

最近的年輕女性，有相當多的人都以早上沒時間，或正在節食中等理由，而不吃早餐。也許有人不在乎吃不吃早餐，但是，有這種想法的職業婦女，就沒資格當職業婦女。因為不吃早餐，上午工作所需的熱能就缺少來源。

如果想在早上就開始順利工作，就絕不能缺少早餐。

年經女性中貧血的人很多，有人想輸血給別人，檢查結果，血液濃度不合標準，不能輸血，不吃早餐可能是很大的原因。

貧血的人會容易疲勞，經常身體不舒服，這樣一來，自己的工作就不能圓滿完成，還會麻煩周圍的人。

因為貧血而露出一張蠟黃的臉，看起來很不健康，印象也不太好，在這種情形下，希望有動人的皮膚，不論如何化妝也做不到。保持美麗健康的皮膚，隨時有充沛的體力工作，對於工作的女性很重要，所以不要忘記吃早餐。

洗臉最少要以洗面皂一天洗一次

想保持皮膚的美麗，必須注意每天的生活，保持身體健康，同時不要忘記皮膚的整理。皮膚的清潔保養，最基本的就是洗臉。按摩、撲粉等等的整理，和一切化妝，都要等到洗過臉後才能開始。

有人好像只用清潔霜擦除污穢，不用洗面皂洗，這樣清潔，無法清除附在皮膚上的污穢。當然像粉底之類油脂性的東西，可以用清潔霜擦除，不過皮膚還會附著灰塵和塵垢，這塵垢就應該用洗面皂洗乾淨。

想保持美麗的皮膚，每天最少要用洗面皂洗臉一次，這時的水溫以攝氏三十六度至三十七度較恰當。

洗臉後如果會覺得臉部皮膚緊繃，就應該更換所使用的洗面皂。最近適合皮膚使用的清潔用品很多，例如，適合油性皮膚使用，洗淨力強的，或溫和、適於乾性皮膚使用的各種洗面皂，所以，應該按照自己的皮膚特性分別選用才有效。

過了二十歲以後，應該一週按摩一次，增進皮膚的新陳代謝

有人說二十五歲是皮膚的轉捩點，但是近來皮膚開始老化的年齡愈來愈早。會開始耽心皮膚粗糙的年齡是二十歲左右，亦即皮膚的轉變是從二十歲開始，如果從此時就好好保養皮膚，就可長久保持年輕的外表。

假使擔心皮膚粗糙，最好開始按摩皮膚。按摩可以使皮膚的新陳代謝活潑，血液循環良好，因此，能夠有效保持皮膚的年輕。過去只靠洗臉保養臉部肌膚的人，過了二十歲以後，應該每週按摩一次，如果皮膚容易乾燥時，就表示皮膚的功能作用開始衰弱，按摩次數要增至兩、三次。

也許有人會懷疑外行人隨便按摩，是否反而會增加皺紋？但，其實只要以普通的力量，適當地施行，應該不必擔心。

按摩的方法是，塗上按摩霜做潤滑劑，用力量最小而皮膚還沒有粗糙化的中指和無名指，由臉的內側向外側，或由下往上緩緩按摩，方法簡單易做。

被冷氣或紫外線傷害過的皮膚，一週應敷面一次來保養

經常在冷氣很強的辦公室工作的人，表面上看來好像很舒服，但，實際上空氣乾燥，很容易使皮膚失去水分，皮膚乾燥就會有粗糙、產生小皺紋等問題，所以必須採用濕潤的，可提早恢復皮膚原狀的整理方法。

受過傷害的皮膚想積極整理保養，除了前述的按摩以外，還要敷面。對於乾燥皮膚的保養，敷面極具功效。

在皮膚上敷上薄膜十分鐘至十五分鐘，不要讓皮膚分泌的汗和水分失去，利用由自己體內產生的水分濕潤自己的皮膚，當然很有效。敷面後的皮膚會變得很滑潤。

敷面也可以為皮膚做大掃除，它可以一下子為我們去除清潔霜，和洗臉時沒洗掉的塞住毛孔的污垢。

因此，過了二十歲以後，應該一週一次敷面，使皮膚和心情都新鮮起來，才去工作。要按摩臉部和做敷面時，要先洗臉，再接著按摩，然後才敷面，這順序最有效。

因喝酒過多不易化妝時，先塗上冷霜再蓋上蒸過的毛巾

前一天晚上喝酒喝到很晚，到了第二天照鏡子一看，才發現臉色很難看。相信很多人有過這種經驗。不管多麼年輕，皮膚又健康的人，如果經常睡眠不足，或喝酒過量，皮膚當然會變得粗糙，這樣化妝也化不好，自己本身也就心情不好。

而問題還不止此，帶著粗糙又缺乏光澤的臉上班，難免會被人誤會說：「這個人晚上到底過著什麼樣的生活呢？」

皮膚產生危機時應採行的對策是：早上離家以前，如果有時間，做做敷面比較好，因為敷面以後，疲倦的皮膚也會回復光澤。不過敷面需要十五分鐘左右的時間，所以要比平常提早起床，才不會延誤上班時間。

如果抽不出空做敷面，就先抹上冷霜，再以蒸過的毛巾蓋一下。最好加以按摩，但不按摩也可以充分使皮膚滑潤。敷面以後再洗臉，然後抹上化妝水或乳液，再做普通的化妝。

當然，這裡所說的辦法究竟是為了一時急需的臨時措施，最重要的還是過了不規律的生活之後，應有充足的睡眠，儘量溫柔對待皮膚，體貼皮膚。

忙碌而抽不出空做按摩或敷面時，利用入浴來美容也有效

按摩和敷面等的皮膚保養工作，有時做，有時不做，這樣不規則，不如一週幾次，或十天一次，有規律地施行有效果。因為工作和玩樂，以致沒有時間按摩的人，可以利用假日實行入浴美容法。

對於平常只能擦擦身體的人，假日時也有較充裕的時間洗澡，還可以同時做按摩和敷面，這樣才能把一週來的疲勞和汚垢完全洗掉，身心才會舒適。

現在的按摩霜大部分都可以用溫水洗掉，所以可以一面洗澡，一面按摩，同時嘴裡哼著歌來做。洗好澡後，只要用溫水沖洗一下，就不覺得臉上很黏。

敷面也一樣，可以一邊按摩，一邊敷面，在沐浴時同時做按摩和敷面，身心都會變得輕鬆，對皮膚保養也很有效。

平常很忙碌，無法仔細整理皮膚的女性，實行入浴美容法既省時間，又一舉兩得。

為了皮膚，應該藉著運動和興趣來消除壓力

覺得今天是自己成為職業婦女的第一天，提起精神去上班，可是下班時卻感到很疲倦，這是許多職業婦女共同的經驗。

由於剛剛進入新環境，對於工作和人際關係都覺得不習慣，精神上感到很緊張，因此，往往使身體的步調忙亂起來，有人甚至有生理不順的現象。

由於壓力造成的問題是：引起身心的各種煩惱。但就皮膚而言，由壓力產生的問題很多，提早發現解決問題的方法，對身心和皮膚來說都很重要。

因此，到底怎麽辦才好？找一些自己的興趣，積極去從事，或做運動，才是消除壓力的辦法。

運動流汗，或熱衷於自己的興趣，疲倦的神經也會慢慢緩和，又可以使皮膚產生光澤。自己映在鏡中的臉，如果是充滿生趣的表情，在工作上也會反應出來，做任何事都會有良好的結果。自己有自己的消除壓力的方法，也是職業婦女必要的打扮智慧。

晚上因工作感到疲倦，就泡熱水澡驅除疲勞

職業婦女最容易有壓力，壓力會帶給皮膚不良的影響，所以要及早消除壓力。消除壓力有利用運動流汗等各種方法，但是時間不自由的人，最好又最簡單的消除疲勞方法，就是每天洗澡。

洗澡的方式也可以因目的不同而有差異，曉得這點也有助益。只是入浴，也可以使肌肉放鬆，血液循環良好，抒解壓力。想要去除疲勞，最好浸在較熱的溫水裡，長時間慢慢洗比較有效。如果想要提神，就稍微增加熱水的溫度。尤其是在宿醉後的早晨洗澡，要用熱一點的水比較有效。

頭昏腦脹時，以熱水噴一下，就覺得很輕鬆。

像這樣，因為工作疲勞，晚上回來後，能夠慢慢地浸入溫一點的熱水中，儘量舒展身體，白天發生的各種令人煩惱的事也就忘得乾乾淨淨，感到非常輕鬆。這時再拿出平日捨不得使用的香味最佳的香皂，或沐浴乳來洗滌身體，就可以使緊綳的神經休息，享受寬裕的心情。食慾不振時，在吃飯以前三十分鐘，浸在溫水中也很好。

為了不使粗糙的皮膚或青春痘太顯著而化濃妝，反而會產生反效果

很多人在生理日前後，皮膚會粗糙、出現分泌物，很不容易化妝。二十歲以前，荷爾蒙的分泌比較不均衡，所以，容易有皮膚問題，可是一般到了二十多歲的後半期，就慢慢穩定下來。雖然如此，有些人不能耐心等待，必須設法改善皮膚。

皮膚有問題時，為了讓毛病不顯著，有些人會使用較厚的粉底來遮蓋，但是這麽做反而會產生反效果。因為厚粉底會增加皮膚的負擔，所以，粉底還是要打薄一些，分泌物看起來比較不顯著。

粗糙的皮膚由於粗糙的關係，所以，更應該用化妝水或乳液仔細擦幾遍，來補充濕潤。利用這些化妝品做好化妝的基礎，皮膚比較容易產生光澤，使皮膚更美麗。化妝也不要太濃豔，儘量使用色彩明朗的口紅，就可顯出生動感。

對於粗糙的皮膚，保養時不要有太神經質的顧慮。

想要消除眼睛的充血，不要冷敷，加溫反而有效

隨著習慣於公司的工作，也就容易在晚上出去玩樂。如果玩得超過時間，每天很晚才睡覺，又睡到很晚才起床，以致於上班常遲到，這樣就沒資格當一個社會人士。在還沒有養成這習慣以前，絕對要避免把因晚上玩樂所造成的疲勞帶到公司去。

睡眠不足或前天晚上喝酒過多，早晨起來，眼睛會很疲倦，有時會因為充血而發紅。這時若帶著紅腫的眼睛去上班，就等於坦白地說出生活不規律。

有些人說眼睛充血最好要冷敷，然而事實上想去除眼睛充血或疲勞，以及眼皮浮腫等，用熱毛巾保溫較有效。

用蒸過的毛巾，或把毛巾浸在熱水中，擰乾後蓋在眼皮上，暫時躺下休息，就可以消除充血。雖然有時候無法完全消除充血現象，但也會恢復到某種程度。

睡覺以前不要忘記按摩臉部和手

有一雙美麗的手的女性，讓人看了覺得很像個女孩。在工作場所，端茶給來賓時，看到漂亮的手，不但自己很高興，接茶的人也會有好感。

想要保持美麗的手，平日就應該注意好好維護，雖然如此說，也不必過分誇大其事。只要在洗澡時，按摩臉部之後，順便按摩一下手部就好。手的按摩應該順著指端往心臟的方向按摩。

手指前端乾裂或粗糙時，晚間在手上擦一些冷霜，然後再戴上手套，這方法也很有效。或者用塑膠袋和塑膠紙代替，將手包起，使手的水分不散失。妳不妨試一試。

在工作場所，由於辦公或洗茶杯弄髒手，洗手的次數格外地多，可以在抽屜準備一些護手膏，在工作前或洗手後，充分擦乾水分，再擦上護手膏來保養手部的皮膚。這樣愛護自己的手也很重要。

在辦公室所擦的指甲油以淡淡的顏色最適宜

在辦公室塗指甲油，雖然有贊成和不贊成兩種意見，但是二十多歲的年輕女性，會在有意無意之中去享受手指的化妝。基於強調健康又年輕的考慮，指甲油最好還是塗淡一點的顏色，而且以桃花般的粉紅色最適宜。

雖然塗了太濃的顏色，只要能把指甲剪短，好好整理一下，也可以顯得美麗。但指甲油的顏色太深紅，很多男性會產生排斥的反應。而且塗深濃的顏色，萬一有些地方脫落時，就會很明顯。

在辦公室工作，使用手指和指甲的機會很多，不論如何注意，指甲油也會脫落，如果以指甲油脫落部分顏色的手指端茶給客人，看起來有不潔感，客人大概也不敢喝茶。在辦公室的打扮以清潔為第一，所以，有這種情形就很麻煩。

從這一點來看，淡淡的粉紅色指甲油，不但不容易脫落，即使稍微脫落顏色，也不容易被人察覺。

也許有些工作場所連淡淡的指甲油也禁止，這時只要把指甲磨漂亮，保持光澤就好。

留得很長的指甲不適合於工作

漂亮的指甲雖然很有女人味，可是留得太長的指甲對職業婦女來說，反而不利。很長的指甲的壞處，首先是打電話撥號碼時很不方便。

而最近因為辦公室自動化，使用電腦或其他的打鍵機會很多，如果指甲太長，還是會覺得很不方便，工作效率不高，周圍的人也會耽心，聽到指甲碰觸物體發出的聲音，就覺得很危險。自己如果因為指甲而分心，也不能專心地工作。

指甲太長，有時在做工作時會裂開，為了工作，而在許多長指甲中，只留著一隻剪短的，看起來也不美麗。

所謂美是要適於場合，且與之融合，沒有違和感才能產生。

穿著華麗的衣服，可以令聽衆陶醉的女鋼琴家，也會把自己工作的道具——指甲，經常修剪得短短的，準備好好演奏。對於這種專業藝術的精神，同樣在工作的女性，應該向她們看齊，多多學習。

不只是夏天才需要整理多餘的毛髮

我認為女性應該好好處理多餘的毛髮，看起來既美麗，又有清潔感。多餘的毛髮如果不好好處理，在上下班搭乘公共汽車時，手掛在吊環上，被周圍的人看到很不好看。

夏天穿著無袖內衣或游泳衣，露出皮膚的人很多，所以大家會好好處理，而意外地教人忘記的是冬天。

冬天裡因為辦公室也有暖氣，有時會脫掉外套，只穿半長袖的襯衫，這時如果偶而被人看到多餘的體毛，會降低別人對妳的好印象。在這種季節也會好好整理多餘的毛髮的人，才能說是真正善於打扮的人。

整理多餘的毛髮方法很多，最好使用脫毛霜去除。利用洗澡時養成處理的習慣，就不會感到太痲煩。

手腳的汗毛還是用脫毛霜脫除較好，用脫色劑脫色，也是一個方法，脫色過的毛會變成金黃色，不太顯著。

需要脫掉冬季制服時，不要忘記手肘的處理

從穿長袖改為穿短袖時，手臂最明顯的就是肘部的瘡和疤痕，這部位因為自己不容易看見，更需特別注意。

從正前方看的化妝和髮型愈是美麗的人，愈要注意後面肘部的整理。

冬天因為一直被長袖蓋住，所以手肘部難免疏於保養，到了春天，要脫去冬季制服時，應該仔細檢查肘部，好好保養，這樣到了要穿短袖服裝時，也就不必耽心了。

年輕人只要在洗過澡後，在肘部擦上乳液就好，如果自己覺得還很黑時，可以利用一種專門使角質軟化的化妝品。

準備打赤腳時，也該和手肘一樣，先保養腳踝和膝蓋才行。平常洗澡後，在這兩部位再擦上乳液，這些部分平日的保養很重要，如果平時懶得保養，一時要保養，就要花費相當多的時間。

自己不容易看到的腳汗毛應細心處理

看來很苗條，腿也很美麗的女性，近看之下竟然在絲襪下可看到很多汗毛，就像漩渦一樣，於是感到很失望。像這一類的情形，常常可從男性對話中聽到。腳部的汗毛，有人很疏淡，也有人很濃密，假如覺得自己的汗毛太濃的人，用專用的脫色劑脫色較好，可利用洗澡時間，定期做脫色。

最簡單的方法是用電鬍刀刮掉，但此方法會使再長出的汗毛更濃，而且長出時會覺得腳部刺痛。

不過，不可能像一般人所相信的，剃了毛反而會刺激汗毛長得更粗。

因為汗毛太濃而苦惱的人，可以在美容院請專家用蠟來脫毛，或者用電療法完全脫毛也可以，不過一般還是以使用脫毛劑和脫色法較為普遍。

經常保養的腳，使人看了會有好印象。

為了運用能表現可愛的白牙，飯後最好刷牙

笑時能夠看到一口潔白的牙齒，對女性而言是表現可愛的重點，但是如果牙齒結石而變髒，或者牙縫塞住飯菜渣，不管笑起來多麼可愛，也會令人失望。尤其在辦公室被人看到這種牙，一定會有不好的批評，但這些情形只要飯後刷牙，就可以簡單地解決。

聽到飯後刷牙，也許有人覺得好像在教育幼稚園幼兒一般，可是經常保持潔白的牙齒是社會人士應有的禮儀，也是愛美的基礎。假如連這一點都做不到，不論是多麼美麗的化妝，也不能算是善於打扮的人。

最好在公司的更衣室準備一套刷牙用具，午飯後，在補妝時，順便刷刷牙，不需太多的時間。相信刷過牙後，妳對下午的工作會做得更愉快。

潔白的牙齒之外，同時還令人耽心的是口臭，但是只要經常刷牙，吃過東西以後，口內也不會留下強烈的臭味。

牙齒看來好像不明顯、不重要，卻格外地容易讓別人感覺到。與人談話時，露出一口潔白的牙齒，對方看了也一定心情愉快，自己工作起來比較順利。

☆紫外線是皮膚的大敵

適量地接受紫外線照射，可在體內製造維生素D，有預防佝僂症和殺菌的功效，對皮膚疾病的治療也有幫助。

但是，如果接受過多，會促進皮膚老化，產生黑斑、雀斑，這些東西如果太多，會引起像灼傷一般的狀態，若繼續這種狀態，會成為皮膚癌的致病原因。

因此，過了二十歲之後，就必須小心，不要讓皮膚直接暴露在紫外線中太久。

紫外線根據波長又可分為三種。第一種是長波長的紫外線，這種紫外線雖然不會引起灼傷，但是會使皮膚曬成黑褐色。陽光灼曬會引起發炎，呈發紅發熱的狀態，嚴重地灼傷甚至會產生水泡。曝曬陽光造成的褐色，是因為黑色素增加而變黑的現象。

中波長紫外線會引起日光灼傷。

短波長紫外線在三種紫外線中，對皮膚的作用最強烈，但由於大氣層中的臭氧層會消滅它，所以不會到達地球表面。

因此，使用對中波長紫外線有防止作用的化妝品，就可以保護皮膚不受紫外線的傷害。

第六章

飾物和其他小配件打扮學

在辦公室佩戴的飾物，應選擇不會太脫離身體的

在工作時我們常可看到，有些人故意把項鍊繞到背後去，這可能是因為耽心項鍊垂掛在胸前，會碰到桌子，阻礙工作，所以才這麽做。

如果這樣，不管掛著如何美麗的項鍊，也不能達到佩戴的目的。而且太長的項鍊，在匆匆忙忙中，有時會鉤住桌角，非常危險。

提到辦公室用的飾物，最好不要太華麗的，也儘早避免晚上會發光的東西。最基本的考慮是要不妨礙工作。

基於這點考慮，像不適合於辦公室佩戴。金項鍊和珍珠項鍊也一樣，長的不如短的，最好是短短的項鍊。

耳環也一樣，應該選擇不會在耳旁晃動的，戴起來太長的耳環，大多不適合搭配辦公穿的服裝，看起來又刺眼。

戒指最好不要戴鑲有太大、或高度太高的珠玉寶石。

不管多麼適合服裝的飾物，只要妨礙工作就要取下

簡單的洋裝配合著自己喜愛的項鍊，這種搭配似乎很好，但就如前面所說的，擔心工作時會有妨礙的飾物，不適於辦公室使用，上下班時或許可以戴著，可是工作中最好取下來。還有，打電話時會有妨礙的耳環，工作中最好也拿下，放在皮包裡，等到要離開公司時才戴上。

這些小事，公司方面也許不會注意到，可是在工作上自己當然要留意才對。有些人甚至因為擔心會影響工作，連手錶也取下，置放在一旁。

如此一說，也許有人會擔心，不論如何方便工作，也要把難得佩戴的飾物取下來，這樣和工作所穿的服裝就不太相配了。

假如妳會如此擔心，應該最初就選擇到了公司也不必取下的飾物，而且與其戴起那些飾物，工作時叮噹地響，不如到了公司悄悄取下，反而會博取好感。

在辦公室佩戴的飾物，最好是簡單而不顯著的

我想大家都知道，雖然穿同樣的衣服，可是會因為配上飾物看起來更華麗，給人的觀感更好。因此，對於飾物的選擇，大家會特別小心，但是還要考慮，選擇不會令人印象過分深刻的東西較好。

所以，在辦公室使用的飾物，最好還是選擇質材好，設計簡單的，這樣才不會聽到上司說：「妳今天怎麼打扮得如此華麗呢？」這種帶有諷刺性的話。

艮質又簡單的飾物，戴上或許不太顯著，但是，和洋裝搭配，妳仍然可以享受打扮的樂趣。

自己雖然是無意中戴上的，可是人家走近仔細一看，就知道妳所戴的東西相當珍貴，這樣才真正是成人的成熟打扮。

這不只限於辦公室，平常在外走動時，如果讓別人覺得好像只有飾物在走動，那妳就只是正在打扮一途中摸索的人而已！

手錶的錶帶有破損，特別容易使人看見

單身又住在自己家中的年輕女性，有很多人不必把大部分的薪水交給父母，因此，佩戴的飾物昂貴的不少；尤其是手錶，往往比上司的還名貴。「和身分相稱」這句話好像已經變成死語，不存在了。

當然，我的意思不是說不可以佩戴比上司昂貴的東西，只是有一些女性認為，佩戴高貴的飾物，好像自己也跟著高貴起來，有這種錯覺。新進的年輕女性，如果佩戴太昂貴的飾物，尤其會使人看著覺得很奇怪，產生反效果。

若是關心手錶的打扮，應該不要重視價錢高低，反而要注意平時的整理。尤其錶帶容易吸引別人注意，所以，稍微破損了，就該及早更換。

我們常看到有些人認為還可使用，就繼續戴著已經破舊的錶帶，於是不論手錶的價錢多貴，看起來很寒酸，不管如何打扮，也是白費的。

飾物要整理好，放在經常可以看到的地方

飾物因為大多屬於小件物品，如果不好好整理，很容易丟掉。在上班之前，時間緊迫之際，才想找出來用，抽屜開來開去也找不到，真是令人焦急。

為了避免這種情形發生，平常最好妥善整理。整理飾物也有一點小秘訣，那就是不要收藏在珠寶盒裡，經常使用的東西，最好放在眼睛容易看到之處。

例如：項鍊類吊掛在衣櫥櫥門內側，和帶子掛在一起，這樣選擇服裝時，就可以很快地挑出配合那件服裝的腰帶和項鍊來，飾物的搭配就容易多了。高價的飾物，大家尤其會收藏在珠寶盒裡，但是，放在眼睛看不到的地方就容易忘記。為了充分運用自己所有的飾物，而且為了擴大搭配的幅度，飾物還是放在容易看見之處比較好。

最近有一種透明的壓克力板製成的易於整理的盒子，利用起來很方便。

準備一串珍珠項鍊在更衣室裡，有時很便利

在工作時雖然經常有預定的事，可是也往往會逢上意外的事。今天以為沒有顧客來訪，晚上又沒有什麼節目，就只穿著毛衣和裙子，以這樣樸素的打扮去上班。不料一到了公司，上司就說：

「今天晚上我要招待一位重要客戶，希望妳也一起參加。」

聽了這些話，才後悔地說：

「早知如此，我應該準備一件像樣的衣服。」

可是已經來不及了，因為下班後也沒有時間先回家換衣服。

這時平常如果準備了一串珍珠項鍊，妳就大可放心。即使只穿著毛衣和裙子，或其他更簡單的服裝，只要胸前再戴上珍珠項鍊，就有一種新的風貌，臉部散發出動人的光采。只是這樣，就能增加自信。

陪著上司一起參加招待會，上司一定會覺得，妳是很細心的女性。

珍珠項鍊可以適合任何顏色的服裝，因此，平日準備一串放在更衣室裡，就很方便。當然，只是準備開會用的珍珠項鍊就可以了。

在辦公室裡，美麗的文具也可以成為裝飾品

很想自由自在地享受打扮的年輕女性中，也許有人會認為在辦公室的打扮限制太多，尤其是必須穿著制服時，幾乎都不可能佩戴飾物，所以無法滿足愛美的慾求。

但這樣就認為在辦公室不能好好打扮的人，可說是缺乏研究心和創意。筆盒和筆記簿等東西，對工作者而言，是重要的文具，只要改變看法，文具和錢包之類的小物品，也會變成裝飾品。

舉例來說，即使價錢稍貴，也要準備高級的文具，或者多準備一些筆記簿和錢包，就會顯出愛美之心。看到妳的文具或錢包，人家會認為妳很有審美眼光，對於妳重視工作的態度也有好感。

當然，買這些文具並不是為了炫耀，在工作時無意中被人看到，才表現其好處。相反的，就像學生時代的延續一樣，使用沒有性格的用品，在辦公室裡被人家看見了，一定會產生幼稚的印象。

在辦公室，桌面的整理也是一種打扮

大家常說，只要看看一個人的桌面，就可以知道他的工作效率如何。這句話的含意不必我多加說明。桌面上很凌亂的話，說嚴重一點，也會想到他的腦袋很亂。尤其是女性桌上的整理，周圍男性的眼睛會密切觀察著。

我這麼說，也許有人認為這和打扮有什麼關係呢？但是打扮並不只限於在自己身上加以修飾而已，自己的身上究竟會打扮到何種程度。這也是打扮的感覺之一，從這裡可以看出一個人的感覺能力。

本來在又亂又髒的桌面上工作的人，袖口會因經常磨擦桌子容易弄髒。為了經常都能保持身上的潔淨，桌面是需要善加整理。

為了有效率地工作，桌上還是必須整理得乾乾淨淨。就像前面多次說過的一樣，在辦公室能夠凜然地做事的人，才稱得上是辦公室美人。

成為社會人士以後，不該再使用學生時代所用的沒性格的手帕

有不少人成為大學生以後，還喜歡使用有可愛圖案的小東西，例如：手帕、筆盒、信紙等，收集各種型態，自己感到很快樂。可能是因為還不能完全脫離學生的氣質，所以不少人成為社會人士以後，還使用沒有性格的手帕等類的東西。

如果是在學生時代，大家可能會覺得很可愛，而不去怪罪她，但是一進入社會，難免會被譏為幼稚。

也許會有人認為，手帕並不是要給人看的，又有什麼關係？可是在辦公室裡拿出來擦汗，甚至翻倒茶杯的水，拿手帕擦拭時，往往就被人看到了。這時如果拿出的是很像小學生使用，沒有性格的手帕，一定有人懷疑她的打扮常識。

相反的，一旦有事時，突然拿出熨得很平、清潔的手帕，人家對妳的評價一定很高。

關於使用手帕的打扮常識，是最好準備擦手用的，和打扮用的兩條手帕；打扮用的手帕，當然要特別注意清潔。

三個廉價的皮包，不如一個高級的來得好

對職業婦女來說，從實用和打扮方面來看，皮包是不能缺少的重要物品。

關於皮包，有人似乎是不能配合每天穿的衣服更換，就不肯甘休的樣子。的確，只從愛美的觀點來看，考慮這種綜合性的飾物也很重要，但是實際上，每天早上必須把皮包內的東西拿出來，換裝到另一個皮包內，要多花許多時間，而且在換裝時，有時會丟掉重要的備忘錄。

對於工作不久的女性來說，想要準備好幾個不同的皮包，經濟能力也不許可。

上班用的皮包，必須每天帶著走路，因此，最好還是購買一只品質較好的。如果有一筆足夠買三只廉價皮包的金錢，倒不如只買一只高級的，後者的選擇比較聰明。皮包太廉價，連帶地使用者也會被看得很寒酸，所以職業婦女的皮包最好還是選購設計簡單、令人不易生厭，方便使用，又構造堅固的。

大皮包的內容物應該用小袋整理，找東西較方便

上班用的皮包，有人喜歡使用可以裝很多東西、較大的皮包。但太大的皮包雖然裝許多東西較方便，可是如果裡面沒有分成多格，不管怎樣整理，內容物還是會混亂。尤其是像鑰匙類的小東西，有時要花很多時間才找得到；有時不管怎樣伸手往皮包裡面摸也找不到，最後不得不全部倒出來，好不容易才找到。

為了防止這種內容物失蹤的情形，可以準備其他幾個小袋，分別手帕、面紙、錢包和車票等，把內容物分成幾種類，先裝入小袋中，再裝入大皮包裡。這種小袋子市面也有出售，可是自己親手來做也很快樂。

這樣整理後，很快就可以找到自己所要的東西，節省不少時間。

有些人想取出東西時，一定要伸手到皮包裡東摸西摸，那副尋找的模樣實在不好看。

皮包的內容物如果顏色統一，看來就像好好整理過

妳的皮包到底裝有幾種東西呢？手帕、面紙、錢包、車票、筆記簿、鑰匙……，再加上補妝用的化妝品等，算起來應該有很多東西。

皮包的內容當然因人而異，但是一般說來，愈老練的職業婦女，皮包的內容物愈少。例如，化妝品，只有口紅、眉筆、腮紅、花露水等幾種，都儘量減少到最低的需要程度。內容愈少，皮包愈輕，還可以防止因裝太滿而變形。

不論如何，皮包內總是裝了不少東西，所以前面也說過，應該注意皮包的內容，一打開皮包，就被發現雜亂無比，難免被人認定是無神經的女性。

皮包的整理方法除了使用小袋以外，還有一種統一內容物的顏色的方法。雖然裝了許多零星的小東西，可是只要顏色統一，看起來就像整理過的一樣。

顏色可以採用和皮包同色系的茶色或黑色，這樣看來比較有穩定感。

肩背式皮包的帶子長度，以及腰長為標準

上班用的皮包以肩背式的皮包最好使用。肩背式的皮包兩手可以自由活動，有時候需要拿文件或寫筆記時，比較方便。帶著肩背式皮包輕快地走在街道上，那種活潑有朝氣的樣子，也是職業婦女的一種美。

但是這種肩背式皮包的背帶如果太長，會使整個皮包在空中搖晃，看起來就不規矩了。反之，帶子太短，使皮包掛起來高到胸部附近，那也不好使用，尤其是在擁擠的車輛中，往往會碰到別人，增加麻煩。

肩背式皮包的帶子長度，最好長到皮包部分及腰比較恰當。這種長度最方便，要取出東西時，不必從肩膀拿下皮包，看起來也就很自然。

上下班使用的皮包，無論如何，還是以使用方便為第一優先考慮。不要以爲帶子的長短隨便什麼長度都好，應該確定一下自己最方便拿東西的長度，如果長度不適合，也可能會導致肩膀僵硬。

要到別家公司出差時，小型背包不要掛在肩上，要像手拿皮包一樣用手拿著

我們看到很多年輕的職業婦女，走路時都把皮包掛在肩上。現在掛在肩上的小皮包好像很流行，市面上也出現很多端莊的樣式，它們被當做上下班的流行用品，一點兒也不奇怪。只是在此要注意的一件事，就是工作中處置肩背式皮包的方法。

舉例來說，有些公司在工作途中，必須送文件到別家公司去，或者必須到別一家公司開會，常常要出差到別家公司去。要去很近的地方辦事那還好，如果是要到距離較遠的地方，以女性的習慣應該是皮包不離身，但，這時皮包如果斜掛在肩上，給對方公司的印象將是什麼樣的呢？

即使使用皮包是一種流行，但，還是會給人有一種出去遊玩的印象。這種感覺或是對妳本身的觀感，都很有可能影響對方對妳的公司的印象。

在遇上這種狀況時，應該從肩上取下皮包，把帶子收好，用手拿著皮包才對。這種小小的顧慮，對打扮和工作上都是很重要的。

公司的文件裝在紙袋中拿著走，不如裝在公事包中

我們常在上下班車中，看到有些女性腋下夾著印有公司名稱的紙袋，實在不太好看。難得穿了一件洋裝，打扮得很整齊，可是拿著這種印有公司名稱、枯燥無味的紙袋，一身漂亮的打扮都被破壞無遺。而且腋下夾著紙袋，一不小心紙袋就掉下來，所以，這樣拿著重要文件走路、搭車，是一件危險的事。

歐美的職業婦女必須拿著文件走路時，都很喜歡用公事包。使用公事包既不會弄縐文件，萬一掉下來，文件也不會太散亂。

說到公事包，也許有人不喜歡拿也說不定，可是對於必須拿著文件走路的人而言，可說是必須用品。雖然現在女用公事包還很少見，但也可以從男用的公事包中，選擇式樣比較好看的使用。

大一點的文件裝在公事包，自己的皮包內只裝著貴重和必須物品，輕快地走路，這種裝扮相信不久以後會成為主流。

皮包在還沒弄髒以前就要好好整理

每天上下班所用的皮包，對職業婦女而言不但是重要的武器，同時也是可靠的戰友，沒有皮包也就無法動彈。

雖然皮包是這麼重要的用具，可是對於它的整理，大家往往容易忽略。我們可以看到，有些人會經常用刷子刷一刷衣服，也會常常擦皮鞋，可是卻從來不整理皮包。尤其是咖啡色和黑色的皮包，不容易看見骯髒，它們又和鞋子不同，很少會被人踩到，雖然同樣是皮革，受傷的程度不如鞋子厲害。

所以，只要能夠好好整理，皮包應該可以使用很久。

皮革製的皮包如果不經常整理，就會吸收濕氣，變得很硬；反之，過分乾燥則容易產生裂痕，要使皮包的壽命延長，當然需要細心整理。

先把汚穢擦拭掉，再塗上鞋油，最後用乾布再擦幾下就好。如果被雨淋濕時，還是先以乾布擦乾水滴，然後陰乾。

整理方法簡單易行，所以不要等到髒了才要整理，平常就要隨時整理。

在辦公室所穿的高跟鞋高度要在六公分以內，否則容易疲倦

在辦公室裡整天穿著鞋子，這對職業婦女而言，鞋子最好要考慮穿了不會疲倦的為首要條件。

高跟鞋的高度最好是三—四公分高，容易走動，又比較不會有疲勞感；最高的不超過六公分，再高的話，重心會落在腳趾頭上，而容易疲倦。但我們看看上班的年輕女性所穿的鞋子，有的幾乎高達十公分以上，或許是為了配合衣服，或是想讓人看起來很高。但因為高跟鞋太高而疲倦，焦慮不安，甚至變得歇斯底里，難免會影響到工作和人際關係，真是得不償失。

穿了不容易疲倦的鞋子，腳趾前端部分有可以充分活動的空間，如果空間太緊，會壓迫到腳趾，容易產生疲勞。

最好還是選擇前端圓頭的，前端設計很尖的鞋子，會壓迫腳趾，長時間穿著，腳就會很痛。另外，極細的高跟也應該注意。

新鞋子要穿到辦公室以前，要事先讓腳適應後才穿

穿著剛買的新鞋子上班，中午以前就覺得腳很痛，我想這種經驗大家都有過吧！穿著不合腳的皮鞋，感到很痛苦，恨不得在中途脫下，打著赤腳，這樣地耽心腳痛的問題，工作效率當然不高，表情也不太好，容易露出痛苦的表情出來。在公司內拖著腳走路，實在很可憐，此時如果恰巧有同事或上司交代新工作，幾乎會哭出來。

當然，在辦公室裡，不可能因為自己腳痛，特別通融而不必出去。

為了避免發生這種糗事，最好不要穿上剛買的新鞋去上班，一定要先在有事外出時試穿，等到穿習慣後，才穿去上班。

上班所穿的鞋子必須是能夠忍受將近十小時壓迫的才可以。是否能忍受這麼長的時間，那就必須先在家裡試試看，這是職業婦女應有的慎重。

不該因為寒冷就穿著長統靴上班

過去有一段時期，偶而會在辦公室看到有人穿著長統靴上班，現在雖然比較少見，但仍然可以看到長度及足踝的短靴。

有些工作場所是禁止穿著長統靴上班的，即使是可以穿著的公司，男性職員也討厭看到女性穿長統靴的樣子。其理由是會覺得她們的腳步聲很大，感到難以忍受，還有長統靴格外容易附著塵埃和泥土，換句話說，在辦公室穿長靴會缺乏女性的纖柔感，又會使工作場所的氣氛看起來太強硬，除此之外，女性美麗的小腿會被遮蓋看不見，輕輕的腳步聲也被沈重的聲音取代，令人遺憾。

長統靴本來是在寒冷時為了禦寒用才產生的，以在戶外穿著為主。在寒冷的戶外穿著長統靴，腳會很溫暖，但是在中央暖氣系統良好，只穿一件衣服也不會感到寒冷的溫暖辦公室，穿著長統靴會讓人有笨重的感覺。

在上下班時想要穿長統靴的人，辦公室應該另外準備一雙普通的鞋子來更換。

夏天穿著洋裝時最好不要穿涼鞋

到了夏天，大家都想讓腳也感到涼快，所以在辦公室中，幾乎每個人都穿起涼鞋來。雖然說起來比較嚴格，可是在辦公室穿涼鞋的確不太好。因為穿涼鞋時，腳板前端容易弄髒；早上搭乘擁擠的公共汽車時，又容易被人踩到腳，沾上骯髒的東西，腳也跟著變髒，在別人和妳打招呼時，可能對方會低下頭來，那時妳那骯髒的腳就沒處躲藏了。

在辦公室裡清潔第一，穿涼鞋腳容易汚穢，所以，不如穿著包腳的鞋子。尤其是穿洋裝時，想穿涼鞋必須多加考慮。雖然是夏天，可是洋裝穿起來顯得很有分量，而大部分的涼鞋都做得很輕巧，所以洋裝配起涼鞋，難免有點頭重腳輕，看起來失去均衡感。穿著洋裝想給人新印象的人，最好穿著布料的無帶鞋子，反而比穿涼鞋有分量，也適合夏天輕快的裝扮。

在辦公室穿涼鞋顯得很沒紀律

某一公家機關曾發佈禁止穿涼鞋的命令，引起各方議論。在工作中穿著涼鞋工作，會被當作是二流機關，這是他們禁止的理由。不論覺得如何輕便，在辦公室穿涼鞋，看起來很沒有紀律，又容易被誤會工作效率不好，難免會產生不良的印象，所以才會有「二流」這名詞出現。像這種情形，連對男職員也以嚴格的眼光審查他們在工作場所的打扮，又何況是女職員呢！

在辦公室穿著拖鞋式的涼鞋，看起來很沒規矩，對自己很不利。而且不管是穿制服或便服，如果腳上穿著涼鞋，上面的衣服會和下面的鞋子不相稱，不管怎樣打扮，注意髮型，服裝整齊，而腳穿涼鞋，品格會遭受懷疑。

認為大家都穿，就隨著習俗也穿涼鞋，這種做法值得考慮。

辦公街的午休時間，看到穿著制服又穿涼鞋去吃飯的女職員，很多男性會為這種態度而感歎。

在辦公室準備一雙輕便的布鞋，有時很方便

在辦公室腳被硬硬的皮鞋整天束縛著，覺得很痛苦。因此，想稍微讓腳輕鬆時，最好準備一雙布鞋。

布鞋不會緊縛著腳，又輕便，長時間穿著也不容易疲倦，可以使人在辦公室的活動輕快起來。在辦公室的動作如果太笨重，會被人譏笑：「不符合年齡的腰部」，而足部輕鬆，腳的活動就靈活起來。當然，拖鞋式涼鞋一樣也很輕，可是看起來很沒規矩，所以，絕對不要在辦公室穿。

在辦公室沒有換穿鞋子習慣的人，也能準備一雙布鞋的話，有時就很方便。例如，下雨天穿長統靴去上班，到公司後可以拿出來換。夏天穿涼鞋上班時，突然必須接待重要的顧客時，拿出布鞋換上，就不必感到慌張；冬天穿著長統靴上班時，只要備有布鞋就可放心。

用布料做的鞋，幾乎每個季節都可以穿，是辦公室的足部打扮很有力的助手。

補妝時不只顧及臉部，也要順便擦擦鞋子

一天中好幾次到化妝室補妝，可是足部還很髒的人卻很多。不管早上擦得多亮的鞋子，在擁擠的公車上，有時會被踩髒。化妝得很漂亮，所穿的洋裝又無可挑剔，但是，假如鞋子太髒，精心的打扮也變成泡影。尤其是穿著骯髒的鞋子接待來客，難免會被人懷疑妳的化妝感覺有問題。

在公司的更衣室最好準備擦鞋用具，每天早上到了公司，就很快地擦擦鞋子，或是在補妝時，順便擦擦鞋子，就可以說妳的辦公室化妝已經及格了。

鞋子的汚穢，別人很容易看到，可是自己卻無法感覺到的部分，就是鞋底和高跟鞋的內側到足底附近部分，爬樓梯時，這些部分就意外地被人看見，所以不要忘記這部分的整理。能夠注意到這種地方，就會及早發現高跟鞋的鞋跟磨損了，或發現鞋面破損了。一發現磨破的地方，就要趕快拿去修理。

經常保持鞋子的清潔感是很重要的事。

不管是否穿著平常的服裝，在辦公室穿膠底運動鞋是不合宜的

聽到在辦公室以穿著長時間也不容易疲勞的鞋子較好，就想要穿膠底運動鞋的人很多，但這是錯誤的想法。

不管是不是穿著平常的衣服，在辦公室穿那種運動鞋是不適宜的。因為辦公室是工作的地方，而不是運動場，所以，還是該穿合乎辦公室氣氛的鞋子。

只是對打扮很留意的人，也許會這樣反對，他們會認為燕尾服配合這種鞋子，或穿著柔軟的絹質洋裝配合膠底運動鞋，這不也是一種輕便的打扮嗎？可是這種打扮在私人場所才被允許，公司或辦公機關對這種打扮是不能通融的。

穿在腳上不容易疲倦的鞋子是低跟鞋。低跟鞋也會因為配合適當的衣服，而很符合工作場所的要求。

若是穿制服再配合低跟鞋，那是一種不對稱、看起來很吃虧的打扮。鞋跟很低的鞋子反而容易疲倦，這一點也有必要瞭解一下。

☆健康的皮膚大約經過三十天就會變化

關心皮膚，注意整理的人，也有人不太了解皮膚的生理構造，也許有人認為何必知道這些複雜的事，但是，如果能夠了解皮膚為什麼需要保養的基本原因，體貼皮膚的心情也就不同。

首先請各位了解，皮膚的斷面最上面的是角質層，接著是顆粒層、有棘層、基底層。從角質層到基底層，全部都叫做表皮。

皮膚的細胞是從表皮最下面的基底細胞層產生出來的，然後慢慢往上移，最後形成污垢而脫離，但是，這種健康的皮膚大約三十天就會變化，這就是新陳代謝，可以促進細胞變化的成分叫做代謝成分。

年輕時，皮膚本身的機能性就很活潑，對於皮膚的處理，不必做到正式、完全的保養，可是上了年紀後，細胞本身的活動力就會衰退，因此，才需要從外部來促進新陳代謝。所以，如果感覺到皮膚開始老化時，就要實行按摩或敷面等正式的處理，使皮膚的活動增加活力，來預防皮膚的老化。

第七章

婚喪或公司例行活動時的裝扮學

自己的化妝要預備三種模式

談到專業的模特兒，一般人都會以為她們都是很漂亮的美人，但其實看到她們平常的臉孔，大多數會使人懷疑：這種人為什麼也能當模特兒呢？只是平常的人啊！但，雖然是平凡的臉，只要化過妝後站在台上，就立刻變成意想不到的美人。雖然不像職業模特兒一般美麗，可是利用化妝改變自己臉部原來的化妝，是誰都能做到的事。

改變化妝的模式，變成和自己平常的臉孔不同的人，這對女性而言，是很快樂的事。但不是經常都變成同樣的臉，而是根據時間和場地來改變化妝的型態。

職業婦女首先必須能分別應用「工作時的臉」和「盛妝的臉」。如果以工作時的臉孔去參加公司例行活動或舞會時，已經違反了規則。像這種場面應該盛妝參加。除了這兩種以外，再增加一種職業團體旅遊的——「偶然的臉」，總共三種模式。能夠配合場所來分別應用的人，才是真正的聰明又善於打扮的人。

成為社會人士應該準備一件參加葬禮穿的黑色洋裝

成為社會人士後，有時不得不參加公開的儀式，例如，公司的客戶發生不幸之事，或在工作中，要代表公司參加重要的舞會等等，這時當然需要有適合場面的服裝，所以最好準備一件黑色洋裝，在任何場面都可以穿，非常珍貴。

例如，葬禮，一般人都是先上班，到了公司以後，然後再去參加葬禮，回來後就必須繼續工作。上班時或工作中，只要在黑色的洋裝上，再加一件短外套，就不會有違和感。當然，參加葬禮時，只要把外套脫掉即可。

參加舞會時，穿著黑色的洋裝也很合適，可以在胸前別上胸針，或者繫上白色腰帶，戴一串珍珠項鍊，就可以變成相當豪華的舞會服裝。

黑色是可以使女性顯得最美麗的顏色，一件黑色的洋裝，能夠在多種場合穿，這就是職業婦女打扮的技巧。

公司內的例行活動或婚喪禮所要穿的服裝，要及早準備

服裝都是先訂立計劃，再按計劃購買，才可以防止衝動地買下衣服，或是買後後悔。因此，事先了解，什麼服裝在什麼季節會大量出售，也是購衣的重點。

洋裝被裝飾在店面的季節，普通大約都比實際上的季節提早四個月，亦即在一月時就出售春季的服裝，三月末、四月初就出現夏季服裝，八月末就有人掛出秋季，甚至冬季的衣服來。所以到了春天，才要找春天穿的衣服，或是想找當週要穿的衣服，有時會很辛苦。實際上到了這時期，還留下的春季衣服，大都是賣剩下的，數量和種類都比較少，雖然不太滿意，有時也不得不買下。

事先了解這些商品出售的時期，在職業婦女的購衣計劃上，配合公司例行活動或婚喪禮穿的服裝做參考。

每年的新進人員歡迎會，或舞會、年終餐會，或秋季的結婚典禮用的正式禮服等，最好提早準備。

很適合季節的裝扮，都是從有計劃性的購物產生的。

參加晚上的舞會，要改變口紅和眼線液以增加變化

晚上公司辦舞會，被拖去擔任招待人員時，或者要參加客戶舉辦的舞會時，能扮演和白天的氣氛稍微不同的自己，也是很重要的事。白天和晚上都以相同的模樣出現，容易被人認為缺乏打扮的感覺。再說光線方面，也跟辦公室的日光燈，或自然的光線不同，所以，在這種環境條件下，應該做到最有效的化妝。

這時的化妝要點在於眼睛四周，使眼睛周圍看起來更明亮，才是化妝的秘訣。平常如果使用黑筆畫眼線時，晚上應該改為液狀眼線，稍微畫濃些。塗上粉底膏之後，再刷上色彩明豔的腮紅。

要使它變得明亮的部分，應該使用帶有珍珠色澤的化妝品，鼻上不要塗太多，因為這是容易反光的部分。口紅也要使用帶有珍珠色澤的，以增加華麗感。

總之，在平常的化妝用品中，再加上眼線液和有珍珠光澤的口紅，就可以在晚上的舞會中變得很華麗。

臨時要參加舞會時，只加上一點兒腮紅，即可顯得華麗

快要下班時，上司突然對妳說：「對不起！妳今晚有沒有空？A公司邀請我參加他們的舞會，可是我有客人在，所以我想讓和A公司有接觸的妳去參加。」本來上班之前沒有預定，服裝和化妝都沒準備，時間也不多，真是很令人苦惱的場面。

但是請妳不必慌張，只要把妳化妝盒中的腮紅拿出來，再刷上一點色彩，很快就會從工作的臉孔變成華麗的臉孔。

例如，比平常所刷的面積大一點，或是擦到眼皮上，以稍微昂揚的表情顯露給人看。要在很短的時間內提高印象，腮紅可以成為妳最大的助力。

如果還有一點時間，化妝容易脫落的人，也可以由打粉底重新做起。在只剩下一點點時間時，隨機應變，充分發揮打扮的能力去參加舞會。

如果妳有這種機變的態度，甚至會增加對方公司對妳的公司的信賴。

參加宴會時，頭髮擦些髮霜，用吹風機吹一吹，在照明下會顯得很美麗

參加宴會時，化妝當然很重要，但稍加整理頭髮，妝扮出和白天稍微不同的印象也很重要。

當然這時最好到美容院整理一下，但是，白天整天在辦公室工作，下班後就要參加宴會，可能無法做到。

這時想要在短時間內改變成適合於宴會的髮型，有許多方法。但我想在這裡介紹的是，只在頭髮上吹風整理的方法。用吹風機吹一下，頭髮就會產生自然的光澤，在宴會場所的照明之下，看來很有光采。這方法是先在頭髮上擦上髮霜，再用吹風機吹，就更能增加光澤，看起來很美，方法也很有效。

最近我國許多公司舉行宴會的次數增加了，女性參加的機會也多起來。參加宴會時，女性華麗的裝扮當然是很重要的。為了臨時要參加的宴會，最好在更衣室準備吹風機。

從公司直接到宴會會場時，稍微增加頭髮的分量，使它蓬鬆一點，看起來較為華麗

必須從公司直接到達宴會會場時，就不可能花費太多時間整理頭髮，但，這時如果知道增加頭髮分量的秘訣，就可以變得更華麗。

基本上和白天的髮型一樣，可是只要像這樣多用心，就會使別人對妳的印象大大改觀。這時化妝方面當然要濃一點，更可以增加華麗感。

吹風時，首先把泡沫膠塗在髮根上，然後才吹風，頭髮就會變成很蓬鬆的自己想要的髮型。而且利用泡沫膠來吹風，髮型比較不會走樣，所以漂亮的髮型可以維持到宴會結束時。

泡沫膠是在頭髮要吹成波浪形時所使用的，但，年輕女性最好不要塗滿整個頭部，只擦在髮型重點處，比較能表現年輕的個性。

比起只用水和吹風機的熱度來吹，不如用吹風用的髮刷來整型，比較容易，所以時間不多時很方便。

公司舉行宴會時，儘量變化外表，也是具現代感女性必要的態度

雖然公司的宴會有許多型式，但，像年終餐會之類的，同單位的同事利用餐廳或大飯店所舉行的、比較可以熱鬧一番的宴會，參加時應該儘量變化外表。

平常只能樸素地打扮的人，在此時做流行的髮型和性感的化妝，又穿著華麗的服裝出現在會場時，大家可能會嚇一大跳。但，能表現出這種意外的化妝，才算是有現代化妝感的人，反而可以擴大一個人的生活範圍。在大家熱熱鬧鬧、吵吵嚷嚷的筵席上，如果以工作時的面目出現，一定會使場面掃興。

在宴會時，假定打扮成好像會飛的模樣，只要自己平常很正經，其他的人看到了一定會說：「哦！她今天好像特別有意地表現。」而對於平時經常遲到的人，可能會認為還是老樣子，所以，還是平日的態度比較重要。

只有自己一個人要大膽打扮時，需要相當大的勇氣，所以，大家一同約好，才做出奇的打扮，就會覺得很自然，又很快樂了。

想使晚上和白天的印象有很大的轉變，強調頭髮的光澤也是一種方法

提到利用頭髮來改變印象，很多人都會立刻聯想到改變髮型來。其實並非把長髮剪成短髮，或直髮燙捲，才叫做改變印象。髮型不變，也可以改變人家在白天所見的印象和晚上的印象。

其方法之一就是強調頭髮的光澤。例如，塗一些膏狀泡沫膠，頭髮就會像用水打濕一般，又黑又亮。短髮的人利用膏狀泡沫膠來整理頭髮，周圍的人看了會感到吃驚，立刻改變印象。像這樣強調頭髮的光澤，在夜晚的燈光下，看起來就很漂亮。所以公司舉行宴會時，不要忘記利用這個方法。

自己可做到的改變印象的方法，是前面已說過的，改變頭髮的體積就好。如果是長頭髮，平常頭髮就很蓬鬆的人，就要利用三股式編法來控制蓬鬆的頭髮，相反的，平常頭髮很少的人，應該儘量露出很多頭髮的樣子。

像這樣，分別白天和晚上來設法使人改變印象，也是很重要的打扮之一。

公司內的行事或婚禮時的化妝應該更加仔細

要參加公司創立幾週年的慶祝會和例行活動時，到底要化妝到什麽程度才算華麗？會關心這一點的人，也就稱得上已有化妝的觀念。公司內的例行行事，有時會有許多來賓參加，雖然是宴會，可是也算是工作之一，因此，服裝也必須是適合於辦公的盛裝，化妝也應該互相配合，成為正式的盛裝。雖然如此，也絕不是要做到華麗的化妝，在平常的、非正式的化妝範圍內，儘量細心化妝就好。

化妝的方法以自己平常適合的化妝法即可，只是平常只花五分鐘時間就完成化妝的人，這時應該花十分鐘來化妝。粉底比平常更仔細地塗，眼影和腮紅也要仔細地擦。當然，也不是教妳塗得很濃，只是細部也要小心擦到。

例如，打粉底雖然和平常用量一樣，可是平常只是大略塗一塗，這時就應該像要塡入皮膚每一個小小的空間似的，一一仔細地塗開。

參加結婚典禮時，這種化妝法也可應用。

參加公司以外的宴會時，不知該穿什麼樣的服裝，應該詢問主辦人或有經驗的人

接到宴會的邀請時，不知道對方到底舉行什麼性質的宴會，又該穿什麼樣的服裝才好，因而感到苦惱，相信大家都有這種經驗。尤其是收到可穿著平常服裝參加的婚禮請帖時，更使人頭痛。

很多人都穿著平常的服裝參加，只有自己穿著正式地盛裝赴宴，會與整體不協調，因此覺得不好意思。不然就是穿著一身優雅的服裝而去，卻發現別人都是平常打扮，覺得好像自己一個人特別突出……像這樣的事情，我們常常可以聽到。

尤其是參加公司之外的宴會和婚禮時，不知道穿什麼服裝才好時，千萬不要一個人隨便決定，最好詢問主辦單位，或接近主辦單位的人，更可以問一問曾經參加過的人的意見，事先了解宴會的氣氛如何，然後才選擇適合場面的服裝，才不會丟臉。

受到公司同事的婚禮招待時，上司可能會有許多人參加，所以要特別注意。這種不符合常識的打扮，應該事先充分了解才對。

穿傳統服裝時，粉底應選擇比平常更明朗的顏色

有些公司還規定女性員工必須穿傳統服裝上班，有些人覺得很不習慣穿這種傳統服裝，勉強穿了會痛苦不快，可是，此時應該認為不是為了要給自己看而穿，而是為了給顧客看才穿的，就可以享受打扮的樂趣。

穿傳統服裝時的化妝，當然要和穿洋裝時不同。傳統服裝的花色一般比洋裝的顏色鮮豔，所以，化妝也應該明豔一點才相稱，因此，粉底要選擇比平常所使用的更明朗的顏色，但是，認為穿著傳統服裝就使用太白粉底，反而不自然。

傳統服裝看起來比較單純而有曲線，所以，化妝不必太複雜，看起來比較美麗，口紅的顏色也應該選擇紅或朱紅、粉紅或橘紅等，既漂亮又單純的色彩，眼影不要像穿洋裝時一樣，使用好多種顏色，用一種明朗的顏色即可，有時也可以不擦眼影，只畫眼線，畫出漂亮的眼睛。

總之，既明朗又鮮豔，就是穿傳統服裝時的化妝秘訣。

穿傳統服裝時，腮紅塗濃較可顯出華麗感

就如前面說過的一樣，穿著傳統的服裝，化妝應該以明朗鮮豔為主，而臉部的顏色愈白皙愈好，可是塗得很白很白，當然也不好看；膚色很黑的人用白色粉底，也很不自然，臉和脖子的膚色相差太多，看起來相當滑稽。

不過，如果稍微知道化妝的秘訣，雖然膚色是同樣的顏色，但是，人家看到的印象會有很大的不同，這秘訣就在於腮紅的使用方法。

穿傳統服裝的化妝，只要粉底使用比平常更明朗的顏色，腮紅也用比平常更紅的顏色，又略微塗廣一點就好。

雙頰稍微映射光線，整個臉會顯得神采飛揚，散發著生動的感覺，同時可以以高昂的精神表現出華麗感來。歌仔戲的演員，最初也是把整個臉塗白，再利用腮紅製造出像年輕女孩的氣色和表情，所以，不妨參考她們的化妝法。

想要利用頭髮改變印象，在補妝時，頭髮可以用髮捲捲起

現在有不少人在工作場所和下班後的印象，會有一百八十度的改變。

女性只要稍微改變化妝和髮型，就會有完全不同的印象。例如，口紅的顏色，平常只塗褐色系樸素顏色的女性，突然擦起紅色的口紅，就可以變成積極、意志力堅強的女性來。髮型也是一樣，有時把髮端向內捲，有時往外捲，或把前髮往後梳、側梳，就可呈現完全不同的氣質。

所以，準備一兩個小小的彩色髮捲放在辦公室，也是一個方法。工作完畢後，補妝以前，先用髮捲捲起頭髮，經過五分鐘，就可做成自己喜歡的形狀來，然後再用梳子好好梳理即可。利用小型吹風機來吹也是另一個方法。

妳不妨利用辦公以外的自由時間，想法子改變自己的形貌，這可以增加化妝的樂趣。

參加葬禮時的化妝儘量簡單

要參加葬禮時，到底應該如何化妝才好呢？為此感到迷惑的女性相當多。在這種悲傷的場合中，應該以簡單樸素為原則。

在遺族的悲傷中，打扮得太耀眼，會令對方懷疑這個人是為何而來，因而心裡不痛快，那就很失禮了。

這種不幸的場面並不是讓大家看到自己化妝的場面。

尤其是口紅和指甲油，千萬不可以塗抹，假如要擦也應該擦淡淡的顏色，儘量不顯著，才符合禮節。

從簡單化妝的意義看來，如果對不化妝的臉感到有自信的人，可以完全不化妝，臉色不好、血氣不足的人，穿起黑色衣服會使膚色更難看，所以，需要用粉底來掩飾一下，不論是為了如何地哀悼死者，如果完全失去精神的話，反而不自然。

準備漂亮的內衣袋，對單調的出差旅行有所幫助

近來女性職員也要出差的公司很多。這種為了生意而旅行，和與朋友一起去旅行是不同的，精神上的疲勞很大。如果要為這種旅行增加一些樂趣，最好攜帶內衣袋。

這是可以裝著內衣和襪子的袋子，市面上有售。因為做起來很簡單，可以自己做看看。利用剩布或自己喜歡的布料，做成幾個大小不同的袋子，就不只可以裝內衣，也可以裝襪子或化妝用品，非常方便。到了飯店，可以從行李袋中取出使用，就能夠消除因工作產生的緊張感，轉變成輕鬆的氣氛。經過疲勞工作後，看到自己所喜歡的袋子，就會感到恢復了女性的心情，有安慰心理的效果。

當然，從實用方面來看，這種內衣袋也很寶貴，可以防止內衣弄髒或受損害，要整理裝著工作用的文件和筆記簿的行李也很容易。

出差旅行時，能夠看到這種女性才能享用的東西，可成為提高第二天的工作意願的原動力。

出差的晚上，出去美容也是一個排遣的方法

職業婦女中平常因為工作很忙，無法做到皮膚充分保養的人很多。有些人經常說：「敷面後的皮膚覺得很輕鬆，好像年輕許多，可是只因沒時間……」愈忙碌的女性愈容易忘記皮膚的保養，對這些人來說，意外地可以利用的空間時間，就是出差時的晚上。

到了出差地，做完工作，一個人回到旅館時，有時會覺得時間很難打發，想到外面玩，又人地生疏，很不放心；想睡覺，又覺得時間太多。

因此，利用這時候來做平日無法做到的皮膚保養，既可利用時間，又對皮膚有益，的確是一舉兩得。時間充分的人不妨試一試。

首先使用中指和無名指，輕輕地按摩五分鐘，然後才敷面，大約敷十五分鐘，皮膚就會很濕潤，一天的疲勞也很快地消失，心情很舒暢。面霜和敷面用品準備小型的，就不會太重。如果覺得兩種要同時實行很麻煩，只做一種也可以。

員工團體旅行時，不要帶平常不習慣使用的化妝品

員工一起出去旅行，或出差到了陌生的地方時，很容易發生臉部皮膚的問題。因為地方不同，水質也不一樣，有些人只用當地的水洗臉，臉就會發疹。既然皮膚那麼敏感，所以，化妝品類的東西，應該帶平日用慣的才好。不要因為攜帶方便，就帶著平常沒使用過的化妝品去使用，因此而嚴重發疹的人不少。

把經常使用的化妝品，用小容器裝一些帶去使用就可以了。

說也奇怪，平常使用的化妝品就不容易發疹，但是，平常對於化妝不太熱衷的人，偶而要出去旅行時，就特別化妝，因此，引起發疹的人常常有。

出去旅行時，為了讓皮膚穩定，或是為了讓皮膚輕鬆，前一天晚上應該提早睡覺，使皮膚獲得充分的休息，這也可以防止發疹。

不好化妝時，到了旅行地，提早起床，做做敷面，或是用蒸過的毛巾來洗臉也有效。

☆不傷害到頭髮的洗髮方法

頭髮的最外層是被一種角皮的魚鱗狀蛋白質覆蓋著，這層角皮的作用在於保護頭髮內部，防止水分蒸發，又可以防止洗髮時蛋白質被溶解。

但是，這層角皮特別薄，很脆弱，有一點點刺激，就會受到傷害。傷害到角皮的原因很多，其中之一就是不良的洗髮方法。

洗髮時頭髮會彼此摩擦，而使角皮脫落。尤其是受傷的頭髮，角皮已經變成不均勻，所以更容易脫落。

洗髮時頭髮含有水分，會泡漲，叫做膨潤。但頭髮膨潤時，角皮就無法附著，容易脫落。所以，頭髮受傷時，應該選擇防止膨潤效果較高的洗髮精。

普通的洗髮精如果能充分起泡，泡沫可以去除污垢，同時造成頭髮與頭髮之間的緩衝效果，可以保護角皮。

最後必須充分沖洗乾淨，據說「善於沖洗的人就是善於洗髮的人」。我們應該利用充分的沖洗，來保持鬆滑的頭髮。

大展出版社有限公司	圖書目錄
地址：台北市北投區11204 致遠一路二段12巷1號 郵撥： 0166955～1	電話：(02) 8236031 8236033 傳眞：(02) 8272069

・法律專欄連載・電腦編號 58

台大法學院 法律學系／策劃 法律服務社／編著

①別讓您的權利睡著了[1]	200元
②別讓您的權利睡著了[2]	200元

・秘傳占卜系列・電腦編號 14

①手相術	淺野八郎著	150元
②人相術	淺野八郎著	150元
③西洋占星術	淺野八郎著	150元
④中國神奇占卜	淺野八郎著	150元
⑤夢判斷	淺野八郎著	150元
⑥前世、來世占卜	淺野八郎著	150元
⑦法國式血型學	淺野八郎著	150元
⑧靈感、符咒學	淺野八郎著	150元
⑨紙牌占卜學	淺野八郎著	150元
⑩ＥＳＰ超能力占卜	淺野八郎著	150元
⑪猶太數的秘術	淺野八郎著	150元
⑫新心理測驗	淺野八郎著	150元

・趣味心理講座・電腦編號 15

①性格測驗１	探索男與女	淺野八郎著	140元
②性格測驗２	透視人心奧秘	淺野八郎著	140元
③性格測驗３	發現陌生的自己	淺野八郎著	140元
④性格測驗４	發現你的真面目	淺野八郎著	140元
⑤性格測驗５	讓你們吃驚	淺野八郎著	140元
⑥性格測驗６	洞穿心理盲點	淺野八郎著	140元
⑦性格測驗７	探索對方心理	淺野八郎著	140元
⑧性格測驗８	由吃認識自己	淺野八郎著	140元
⑨性格測驗９	戀愛知多少	淺野八郎著	140元

⑩性格測驗10	由裝扮瞭解人心	淺野八郎著	140元
⑪性格測驗11	敲開內心玄機	淺野八郎著	140元
⑫性格測驗12	透視你的未來	淺野八郎著	140元
⑬血型與你的一生		淺野八郎著	140元
⑭趣味推理遊戲		淺野八郎著	140元

・婦 幼 天 地・電腦編號 16

①八萬人減肥成果	黃靜香譯	150元
②三分鐘減肥體操	楊鴻儒譯	150元
③窈窕淑女美髮秘訣	柯素娥譯	130元
④使妳更迷人	成　玉譯	130元
⑤女性的更年期	官舒妍編譯	160元
⑥胎內育兒法	李玉瓊編譯	120元
⑦早產兒袋鼠式護理	唐岱蘭譯	200元
⑧初次懷孕與生產	婦幼天地編譯組	180元
⑨初次育兒12個月	婦幼天地編譯組	180元
⑩斷乳食與幼兒食	婦幼天地編譯組	180元
⑪培養幼兒能力與性向	婦幼天地編譯組	180元
⑫培養幼兒創造力的玩具與遊戲	婦幼天地編譯組	180元
⑬幼兒的症狀與疾病	婦幼天地編譯組	180元
⑭腿部苗條健美法	婦幼天地編譯組	150元
⑮女性腰痛別忽視	婦幼天地編譯組	150元
⑯舒展身心體操術	李玉瓊編譯	130元
⑰三分鐘臉部體操	趙薇妮著	120元
⑱生動的笑容表情術	趙薇妮著	120元
⑲心曠神怡減肥法	川津祐介著	130元
⑳內衣使妳更美麗	陳玄茹譯	130元
㉑瑜伽美姿美容	黃靜香編著	150元
㉒高雅女性裝扮學	陳珮玲譯	180元
㉓蠶糞肌膚美顏法	坂梨秀子著	160元
㉔認識妳的身體	李玉瓊譯	160元
㉕產後恢復苗條體態	居理安・芙萊喬著	200元
㉖正確護髮美容法	山崎伊久江著	180元

・青 春 天 地・電腦編號 17

①A血型與星座	柯素娥編譯	120元
②B血型與星座	柯素娥編譯	120元
③O血型與星座	柯素娥編譯	120元
④AB血型與星座	柯素娥編譯	120元

⑤青春期性教室	呂貴嵐編譯	130元
⑥事半功倍讀書法	王毅希編譯	130元
⑦難解數學破題	宋釗宜編譯	130元
⑧速算解題技巧	宋釗宜編譯	130元
⑨小論文寫作秘訣	林顯茂編譯	120元
⑪中學生野外遊戲	熊谷康編著	120元
⑫恐怖極短篇	柯素娥編譯	130元
⑬恐怖夜話	小毛驢編譯	130元
⑭恐怖幽默短篇	小毛驢編譯	120元
⑮黑色幽默短篇	小毛驢編譯	120元
⑯靈異怪談	小毛驢編譯	130元
⑰錯覺遊戲	小毛驢編譯	130元
⑱整人遊戲	小毛驢編譯	120元
⑲有趣的超常識	柯素娥編譯	130元
⑳哦！原來如此	林慶旺編譯	130元
㉑趣味競賽100種	劉名揚編譯	120元
㉒數學謎題入門	宋釗宜編譯	150元
㉓數學謎題解析	宋釗宜編譯	150元
㉔透視男女心理	林慶旺編譯	120元
㉕少女情懷的自白	李桂蘭編譯	120元
㉖由兄弟姊妹看命運	李玉瓊編譯	130元
㉗趣味的科學魔術	林慶旺編譯	150元
㉘趣味的心理實驗室	李燕玲編譯	150元
㉙愛與性心理測驗	小毛驢編譯	130元
㉚刑案推理解謎	小毛驢編譯	130元
㉛偵探常識推理	小毛驢編譯	130元
㉜偵探常識解謎	小毛驢編譯	130元
㉝偵探推理遊戲	小毛驢編譯	130元
㉞趣味的超魔術	廖玉山編著	150元
㉟趣味的珍奇發明	柯素娥編著	150元

•健 康 天 地• 電腦編號18

①壓力的預防與治療	柯素娥編譯	130元
②超科學氣的魔力	柯素娥編譯	130元
③尿療法治病的神奇	中尾良一著	130元
④鐵證如山的尿療法奇蹟	廖玉山譯	120元
⑤一日斷食健康法	葉慈容編譯	120元
⑥胃部強健法	陳炳崑譯	120元
⑦癌症早期檢查法	廖松濤譯	130元
⑧老人痴呆症防止法	柯素娥編譯	130元

⑨松葉汁健康飲料	陳麗芬編譯	130元
⑩揉肚臍健康法	永井秋夫著	150元
⑪過勞死、猝死的預防	卓秀貞編譯	130元
⑫高血壓治療與飲食	藤山順豐著	150元
⑬老人看護指南	柯素娥編譯	150元
⑭美容外科淺談	楊啟宏著	150元
⑮美容外科新境界	楊啟宏著	150元
⑯鹽是天然的醫生	西英司郎著	140元
⑰年輕十歲不是夢	梁瑞麟譯	200元
⑱茶料理治百病	桑野和民著	180元
⑲綠茶治病寶典	桑野和民著	150元
⑳杜仲茶養顏減肥法	西田博著	150元
㉑蜂膠驚人療效	瀨長良三郎著	150元
㉒蜂膠治百病	瀨長良三郎著	150元
㉓醫藥與生活	鄭炳全著	160元
㉔鈣聖經	落合敏著	180元
㉕大蒜聖經	木下繁太郎著	160元

•實用女性學講座•電腦編號 19

①解讀女性內心世界	島田一男著	150元
②塑造成熟的女性	島田一男著	150元

•校 園 系 列•電腦編號 20

①讀書集中術	多湖輝著	150元
②應考的訣竅	多湖輝著	150元
③輕鬆讀書贏得聯考	多湖輝著	150元
④讀書記憶秘訣	多湖輝著	150元
⑤視力恢復！超速讀術	江錦雲譯	160元

•實用心理學講座•電腦編號 21

①拆穿欺騙伎倆	多湖輝著	140元
②創造好構想	多湖輝著	140元
③面對面心理術	多湖輝著	140元
④偽裝心理術	多湖輝著	140元
⑤透視人性弱點	多湖輝著	140元
⑥自我表現術	多湖輝著	150元
⑦不可思議的人性心理	多湖輝著	150元
⑧催眠術入門	多湖輝著	150元

⑨責罵部屬的藝術	多湖輝著	150元
⑩精神力	多湖輝著	150元
⑪厚黑說服術	多湖輝著	150元
⑫集中力	多湖輝著	150元
⑬構想力	多湖輝著	150元
⑭深層心理術	多湖輝著	160元
⑮深層語言術	多湖輝著	160元
⑯深層說服術	多湖輝著	180元

・超現實心理講座・電腦編號 22

①超意識覺醒法	詹蔚芬編譯	130元
②護摩秘法與人生	劉名揚編譯	130元
③秘法！超級仙術入門	陸　明譯	150元
④給地球人的訊息	柯素娥編著	150元
⑤密教的神通力	劉名揚編著	130元
⑥神秘奇妙的世界	平川陽一著	180元

・養 生 保 健・電腦編號 23

①醫療養生氣功	黃孝寬著	250元
②中國氣功圖譜	余功保著	230元
③少林醫療氣功精粹	井玉蘭著	250元
④龍形實用氣功	吳大才等著	220元
⑤魚戲增視強身氣功	宮　嬰著	220元
⑥嚴新氣功	前新培金著	250元
⑦道家玄牝氣功	張　章著	200元
⑧仙家秘傳袪病功	李遠國著	160元
⑨少林十大健身功	秦慶豐著	180元
⑩中國自控氣功	張明武著	220元

・社會人智囊・電腦編號 24

①糾紛談判術	清水增三著	160元
②創造關鍵術	淺野八郎	150元
③觀人術	淺野八郎	180元

・精 選 系 列・電腦編號 25

①毛澤東與鄧小平	渡邊利夫等著	280元

・心 靈 雅 集・電腦編號00

①禪言佛語看人生	松濤弘道著	180元
②禪密教的奧秘	葉逯謙譯	120元
③觀音大法力	田口日勝著	120元
④觀音法力的大功德	田口日勝著	120元
⑤達摩禪106智慧	劉華亭編譯	150元
⑥有趣的佛教研究	葉逯謙編譯	120元
⑦夢的開運法	蕭京凌譯	130元
⑧禪學智慧	柯素娥編譯	130元
⑨女性佛教入門	許俐萍譯	110元
⑩佛像小百科	心靈雅集編譯組	130元
⑪佛教小百科趣談	心靈雅集編譯組	120元
⑫佛教小百科漫談	心靈雅集編譯組	150元
⑬佛教知識小百科	心靈雅集編譯組	150元
⑭佛學名言智慧	松濤弘道著	220元
⑮釋迦名言智慧	松濤弘道著	180元
⑯活人禪	平田精耕著	120元
⑰坐禪入門	柯素娥編譯	120元
⑱現代禪悟	柯素娥編譯	130元
⑲道元禪師語錄	心靈雅集編譯組	130元
⑳佛學經典指南	心靈雅集編譯組	130元
㉑何謂「生」　阿含經	心靈雅集編譯組	150元
㉒一切皆空　般若心經	心靈雅集編譯組	150元
㉓超越迷惘　法句經	心靈雅集編譯組	130元
㉔開拓宇宙觀　華嚴經	心靈雅集編譯組	130元
㉕真實之道　法華經	心靈雅集編譯組	130元
㉖自由自在　涅槃經	心靈雅集編譯組	130元
㉗沈默的教示　維摩經	心靈雅集編譯組	150元
㉘開通心眼　佛語佛戒	心靈雅集編譯組	130元
㉙揭秘寶庫　密教經典	心靈雅集編譯組	130元
㉚坐禪與養生	廖松濤譯	110元
㉛釋尊十戒	柯素娥編譯	120元
㉜佛法與神通	劉欣如編著	120元
㉝悟（正法眼藏的世界）	柯素娥編譯	120元
㉞只管打坐	劉欣如編譯	120元
㉟喬答摩・佛陀傳	劉欣如編著	120元
㊱唐玄奘留學記	劉欣如編譯	120元
㊲佛教的人生觀	劉欣如編譯	110元
㊳無門關（上卷）	心靈雅集編譯組	150元

㊴無門關（下卷）	心靈雅集編譯組	150元
㊵業的思想	劉欣如編著	130元
㊶佛法難學嗎	劉欣如著	140元
㊷佛法實用嗎	劉欣如著	140元
㊸佛法殊勝嗎	劉欣如著	140元
㊹因果報應法則	李常傳編	140元
㊺佛教醫學的奧秘	劉欣如編著	150元
㊻紅塵絕唱	海　若著	130元
㊼佛教生活風情	洪丕謨、姜玉珍著	220元
㊽行住坐臥有佛法	劉欣如著	160元
㊾起心動念是佛法	劉欣如著	160元

•經 營 管 理• 電腦編號 01

◎創新經營管理六十六大計（精）	蔡弘文編	780元
①如何獲取生意情報	蘇燕謀譯	110元
②經濟常識問答	蘇燕謀譯	130元
③股票致富68秘訣	簡文祥譯	100元
④台灣商戰風雲錄	陳中雄著	120元
⑤推銷大王秘錄	原一平著	100元
⑥新創意・賺大錢	王家成譯	90元
⑦工廠管理新手法	琪　輝著	120元
⑧奇蹟推銷術	蘇燕謀譯	100元
⑨經營參謀	柯順隆譯	120元
⑩美國實業24小時	柯順隆譯	80元
⑪撼動人心的推銷法	原一平著	150元
⑫高竿經營法	蔡弘文編	120元
⑬如何掌握顧客	柯順隆譯	150元
⑭一等一賺錢策略	蔡弘文編	120元
⑯成功經營妙方	鐘文訓著	120元
⑰一流的管理	蔡弘文編	150元
⑱外國人看中韓經濟	劉華亭譯	150元
⑲企業不良幹部群相	琪輝編著	120元
⑳突破商場人際學	林振輝編著	90元
㉑無中生有術	琪輝編著	140元
㉒如何使女人打開錢包	林振輝編著	100元
㉓操縱上司術	邑井操著	90元
㉔小公司經營策略	王嘉誠著	100元
㉕成功的會議技巧	鐘文訓編譯	100元
㉖新時代老闆學	黃柏松編著	100元
㉗如何創造商場智囊團	林振輝編譯	150元

㉘十分鐘推銷術	林振輝編譯	120元
㉙五分鐘育才	黃柏松編譯	100元
㉚成功商場戰術	陸明編譯	100元
㉛商場談話技巧	劉華亭編譯	120元
㉜企業帝王學	鐘文訓譯	90元
㉝自我經濟學	廖松濤編譯	100元
㉞一流的經營	陶田生編著	120元
㉟女性職員管理術	王昭國編譯	120元
㊱ＩＢＭ的人事管理	鐘文訓編譯	150元
㊲現代電腦常識	王昭國編譯	150元
㊳電腦管理的危機	鐘文訓編譯	120元
㊴如何發揮廣告效果	王昭國編譯	150元
㊵最新管理技巧	王昭國編譯	150元
㊶一流推銷術	廖松濤編譯	150元
㊷包裝與促銷技巧	王昭國編譯	130元
㊸企業王國指揮塔	松下幸之助著	120元
㊹企業精銳兵團	松下幸之助著	120元
㊺企業人事管理	松下幸之助著	100元
㊻華僑經商致富術	廖松濤編譯	130元
㊼豐田式銷售技巧	廖松濤編譯	120元
㊽如何掌握銷售技巧	王昭國編著	130元
㊿洞燭機先的經營	鐘文訓編譯	150元
52新世紀的服務業	鐘文訓編譯	100元
53成功的領導者	廖松濤編譯	120元
54女推銷員成功術	李玉瓊編譯	130元
55ＩＢＭ人才培育術	鐘文訓編譯	100元
56企業人自我突破法	黃琪輝編著	150元
58財富開發術	蔡弘文編著	130元
59成功的店舖設計	鐘文訓編著	150元
61企管回春法	蔡弘文編著	130元
62小企業經營指南	鐘文訓編譯	100元
63商場致勝名言	鐘文訓編譯	150元
64迎接商業新時代	廖松濤編譯	100元
66新手股票投資入門	何朝乾 編	180元
67上揚股與下跌股	何朝乾編譯	180元
68股票速成學	何朝乾編譯	180元
69理財與股票投資策略	黃俊豪編著	180元
70黃金投資策略	黃俊豪編著	180元
71厚黑管理學	廖松濤編譯	180元
72股市致勝格言	呂梅莎編譯	180元
73透視西武集團	林谷燁編譯	150元

⑯巡迴行銷術	陳蒼杰譯	150元
⑰推銷的魔術	王嘉誠譯	120元
⑱60秒指導部屬	周蓮芬編譯	150元
⑲精銳女推銷員特訓	李玉瓊編譯	130元
⑳企劃、提案、報告圖表的技巧	鄭 汶 譯	180元
㉑海外不動產投資	許達守編譯	150元
㉒八百件的世界策略	李玉瓊譯	150元
㉓服務業品質管理	吳宜芬譯	180元
㉔零庫存銷售	黃東謙編譯	150元
㉕三分鐘推銷管理	劉名揚編譯	150元
㉖推銷大王奮鬥史	原一平著	150元
㉗豐田汽車的生產管理	林谷燁編譯	150元

•成功寶庫• 電腦編號 02

①上班族交際術	江森滋著	100元
②拍馬屁訣竅	廖玉山編譯	110元
④聽話的藝術	歐陽輝編譯	110元
⑨求職轉業成功術	陳 義編著	110元
⑩上班族禮儀	廖玉山編著	120元
⑪接近心理學	李玉瓊編著	100元
⑫創造自信的新人生	廖松濤編著	120元
⑭上班族如何出人頭地	廖松濤編著	100元
⑮神奇瞬間瞑想法	廖松濤編譯	100元
⑯人生成功之鑰	楊意苓編著	150元
⑱潛在心理術	多湖輝 著	100元
⑲給企業人的諍言	鐘文訓編著	120元
⑳企業家自律訓練法	陳 義編譯	100元
㉑上班族妖怪學	廖松濤編著	100元
㉒猶太人縱橫世界的奇蹟	孟佑政編著	110元
㉓訪問推銷術	黃静香編著	130元
㉕你是上班族中強者	嚴思圖編著	100元
㉖向失敗挑戰	黃静香編著	100元
㉙機智應對術	李玉瓊編著	130元
㉚成功頓悟100則	蕭京凌編譯	130元
㉛掌握好運100則	蕭京凌編譯	110元
㉜知性幽默	李玉瓊編譯	130元
㉝熟記對方絕招	黃静香編譯	100元
㉞男性成功秘訣	陳蒼杰編譯	130元
㊱業務員成功秘方	李玉瓊編著	120元
㊲察言觀色的技巧	劉華亭編著	130元

國立中央圖書館出版品預行編目資料

女性整體裝扮學／黃靜香編著；——初版，
——臺北市；大展，民84
面；　公分——（實用女性學講座；3）
ISBN 957-557-531-8（平裝）

1. 美容

424　　84007013

ISBN 957-557-531-8

女性整體裝扮學

編著者／黃　靜　香
發行人／蔡　森　明
出版者／大展出版社有限公司
社　址／台北市北投區（石牌）
致遠一路二段12巷1號
電　話／(02) 8236031・8236033
傳　眞／(02) 8272069
郵政劃撥／0166955－1
登記證／局版臺業字第2171號

承印者／國順圖書印刷公司
裝　訂／嵘興裝訂有限公司
排版者／千賓電腦打字有限公司
電　話／（02）8836052
初　版／1995年（民84年）8月
定　價／180元